Mantenimiento de instalaciones solares fotovoltaicas

María Elvira de las Heras León

ic editorial

Mantenimiento de instalaciones solares fotovoltaicas
© María Elvira de las Heras León

1ª Edición

© IC Editorial, 2024

Editado por: IC Editorial
c/ Cueva de Viera, 2, Local 3
Centro Negocios CADI
29200 Antequera (Málaga)
Teléfono: 952 70 60 04
Fax: 952 84 55 03
Correo electrónico: iceditorial@iceditorial.com
Internet: www.iceditorial.com

ISBN: 978-84-1184-425-3
Depósito Legal: MA 2449-2024

Impresión: PODiPrint
Impreso en Andalucía – España

Nota de la editorial: IC Editorial pertenece a Innovación y Cualificación S. L.

Presentación del manual

El **Certificado de Profesionalidad** es el instrumento de acreditación, en el ámbito de la Administración laboral, de las cualificaciones profesionales del Catálogo Nacional de Cualificaciones Profesionales adquiridas a través de procesos formativos o del proceso de reconocimiento de la experiencia laboral y de vías no formales de formación.

El elemento mínimo acreditable es la **Unidad de Competencia.** La suma de las acreditaciones de las unidades de competencia conforma la acreditación de la competencia general.

Una **Unidad de Competencia** se define como una agrupación de tareas productivas específica que realiza el profesional. Las diferentes unidades de competencia de un certificado de profesionalidad conforman la **Competencia General,** definiendo el conjunto de conocimientos y capacidades que permiten el ejercicio de una actividad profesional determinada.

Cada **Unidad de Competencia** lleva asociado un **Módulo Formativo,** donde se describe la formación necesaria para adquirir esa **Unidad de Competencia,** pudiendo dividirse en **Unidades Formativas.**

El presente manual pertenece al Módulo Formativo **MF0837_2: Mantenimiento de instalaciones solares fotovoltaicas,**

asociado a la unidad de competencia **UC0837_2 Mantener instalaciones solares fotovoltaicas,**

del Certificado de Profesionalidad **Montaje y mantenimiento de instalaciones solares fotovoltaicas**

MF0837_2 **MANTENIMIENTO DE INSTALACIONES SOLARES FOTOVOLTAICAS**	Tiene asociado el ←	**UNIDAD DE COMPETENCIA** **UC0837_2** Mantener instalaciones solares fotovoltaicas

FICHA DE CERTIFICADO DE PROFESIONALIDAD

(ENAE0108) MONTAJE Y MANTENIMIENTO DE INSTALACIONES SOLARES FOTOVOLTAICAS

(R. D. 1381/2008, de 1 de agosto, modificado por el R. D. 6171/2013, de 2 de agosto)

COMPETENCIA GENERAL: Efectuar, bajo supervisión, el montaje y mantenimiento de instalaciones solares fotovoltaicas con la calidad y seguridad requeridas y cumpliendo la normativa vigente.

Cualificación profesional de referencia	Unidades de competencia		Ocupaciones o puestos de trabajo relacionados:
ENA261_2 MONTAJE Y MANTENIMIENTO DE INSTALACIONES SOLARES FOTOVOLTAICAS (R. D. 1114/2007 de 24 de agosto)	UC0835_2:	Replantear instalaciones solares fotovoltaicas	• Montador de instalaciones solares fotovoltaicas • Operador de instalaciones solares fotovoltaicas • 7294.1032 Montador de placas de energía solar • 7521.1101 Instalador de sistemas fotovoltaicos y eólicos. • 3131.1111 Operador de central solar fotovoltaica
	UC0836_2:	Montar instalaciones solares fotovoltaicas	
	UC0837_2:	Mantener instalaciones solares fotovoltaicas	

Correspondencia con el Catálogo Modular de Formación Profesional

Módulos certificado	Unidades formativas	Horas U.F.
MF0835_2: Replanteo de instalaciones solares fotovoltaicas	UF0149: Electrotécnia	90
	UF0150: Replanteo y funcionamiento de las instalaciones solares fotovoltaicas	60
MF0836_2: Montaje de instalaciones solares fotovoltaicas	UF0151: Prevención de riesgos profesionales y seguridad en el montaje de instalaciones solares	30
	UF0152: Montaje mecánico en instalaciones solares fotovoltaicas	90
	UF0153: Montaje eléctrico y electrónico en instalaciones solares fotovoltaicas	90
MF0837_2: Mantenimiento de instalaciones solares fotovoltaicas		60
MP0032: Módulo de prácticas profesionales no laborales		120

Índice

Capítulo 1
Prevención de riesgos profesionales y seguridad en el mantenimiento de instalaciones solares fotovoltaicas

1. Introducción   7
2. Planes de seguridad en el mantenimiento de instalaciones fotovoltaicas   8
3. Prevención de riesgos profesionales en el ámbito del mantenimiento de instalaciones térmicas   14
4. Medios y equipos de seguridad   27
5. Prevención y protección medioambiental   38
6. Emergencias   42
7. Señalización de seguridad   50
8. Normativa de aplicación   59
9. Resumen   61

Capítulo 2
Mantenimiento preventivo de instalaciones solares fotovoltaicas

1. Introducción   69
2. Consideraciones previas. Ventajas e inconvenientes del mantenimiento preventivo   69
3. Métodos y técnicas usadas en la localización de averías en instalaciones aisladas y conectadas a red   71
4. Procedimientos y operaciones para la toma de medidas   73
5. Comprobación y ajuste de los parámetros a los valores de consigna (radiaciones, temperaturas, parámetros de magnitudes eléctricas, etc.)   95
6. Programas de mantenimiento de instalaciones fotovoltaicas   97
7. Averías críticas más comunes   99
8. Normativa de aplicación en el mantenimiento de instalaciones fotovoltaicas   101
9. Programa de mantenimiento preventivo   128
10. Programa de gestión energética   134
11. Evaluación de rendimientos   138
12. Operaciones mecánicas en el mantenimiento de instalaciones   140
13. Operaciones eléctricas de mantenimiento de circuitos eléctricos   144

14. Equipos y herramientas usuales   150
15. Procedimientos de limpieza de captadores, acumuladores y demás elementos de las instalaciones   163
16. Resumen   165

Capítulo 3
Mantenimiento correctivo de instalaciones solares fotovoltaicas

1. Introducción   173
2. Consideraciones previas. Ventajas e inconvenientes del mantenimiento correctivo   173
3. Diagnóstico de averías   175
4. Métodos y técnicas usadas en la localización de averías en instalaciones aisladas y conectadas a red   178
5. Métodos para la reparación de los distintos componentes de las instalaciones   182
6. Desmontaje y reparación o reposición de elementos mecánicos, eléctricos y electrónicos   187
7. Resumen   189

Capítulo 4
Calidad en el mantenimiento de instalaciones solares fotovoltaicas

1. Introducción   195
2. Calidad en el mantenimiento   195
3. Herramientas de calidad aplicadas a la mejora de las operaciones de mantenimiento   205
4. Documentación técnica de la calidad   249
5. Manual de mantenimiento   258
6. Resumen   265

Glosario   271

Bibliografía   273

Capítulo 1
Prevención de riesgos profesionales y seguridad en el mantenimiento de instalaciones solares fotovoltaicas

Contenido

1. Introducción
2. Planes de seguridad en el mantenimiento de instalaciones fotovoltaicas
3. Prevención de riesgos profesionales en el ámbito del mantenimiento de instalaciones térmicas
4. Medios y equipos de seguridad
5. Prevención y protección medioambiental
6. Emergencias
7. Señalización de seguridad
8. Normativa de aplicación
9. Resumen

1. Introducción

El presente capítulo pretende facilitar al alumnado la información necesaria para poder realizar las tareas de mantenimiento de instalaciones solares fotovoltaicas de una forma segura. Con este contenido, se conseguirá formar a dicho alumnado en esta materia.

Los conocimientos en materia de prevención de riesgos laborales relacionados con este trabajo permitirán evitar accidentes y enfermedades profesionales.

Es imprescindible la elaboración y el conocimiento por todos los trabajadores del Plan de seguridad para poder establecer las pautas de actuación a seguir.

Asimismo, es necesario que el trabajador tenga la formación e información adecuada acerca de los riesgos de su profesión y de las medidas preventivas a tomar para evitarlos.

Por otro lado, es muy importante el conocimiento de los medios y equipos de seguridad.

Dentro de la prevención de riesgos laborales es fundamental tener presente también la forma de proteger el medioambiente.

Del mismo modo, es imprescindible tener previstas situaciones de emergencia para saber cómo actuar en caso de que se presenten.

La señalización es otro aspecto de gran importancia dentro de los lugares de trabajo y para que esta sea efectiva y consiga el objetivo perseguido ha de ser conocida por todos para que así sea correctamente interpretada.

Por último, destacar la normativa principal a aplicar en este tipo de trabajos.

2. Planes de seguridad en el mantenimiento de instalaciones fotovoltaicas

El Plan de seguridad es fundamental en el mantenimiento de instalaciones fotovoltaicas, al igual que en cualquier otro tipo de trabajo desempeñado.

La **Ley de Prevención de Riesgos Laborales** recoge la necesidad de implantar y aplicar un Plan de prevención de riesgos laborales para conseguir el objetivo de integrar la prevención de riesgos laborales en el sistema general de gestión de la empresa, tanto en el conjunto de sus actividades como en todos los niveles jerárquicos de esta. Esta es la vía para lograr una Seguridad Integrada.

 Nota

La Ley 54/2003, de 12 de diciembre, de reforma del marco normativo de la prevención de riesgos laborales, establece que el empresario está en la obligación de elaborar y conservar a disposición de la autoridad laboral el Plan de prevención de riesgos laborales, entre otra documentación.

El Manual de prevención forma parte importante de la documentación del Sistema de Gestión de Prevención de Riesgos Laborales (SGPRL).

 Definición

Manual de prevención de riesgos laborales (Plan de prevención)
Es el documento básico que describe el SGPRL adoptado por la organización.

El Plan de prevención debe servir de referencia para implantar, mantener y mejorar el sistema de gestión de prevención de riesgos laborales de la empresa.

Es necesario que este Plan de prevención se vaya actualizando en función de la evolución tecnológica, de los cambios que sufra la organización y de la evolución de los riesgos.

Este Plan de prevención sufrirá cambios también en función de los resultados obtenidos de los exámenes médicos que se le han de hacer a los trabajadores para la vigilancia de la salud.

A continuación se analizará este aspecto con mayor detalle para su entendimiento.

 **Recuerde**

El Plan de prevención debe incorporar las medidas surgidas a raíz del estudio de los factores detectados en la vigilancia de la salud de los trabajadores.

2.1. Contenido del Plan de prevención

El Manual de prevención de riesgos laborales o Plan de prevención debe estar compuesto por el siguiente contenido mínimo:

1. **Información general sobre la organización.** Se trata de una descripción general de la empresa y de sus funciones o dedicación. Debe contener la identificación de la empresa, de su actividad, número y características de los centros de trabajo, número y características de los trabajadores.
2. **Organigrama funcional de la empresa.** Especificando las responsabilidades de todos y cada uno de los niveles jerárquicos existentes (incluida la Dirección) y su interrelación o comunicación, siempre hablando en relación a la prevención de riesgos laborales.
3. **Organización de la producción.** Identificando los diferentes procesos técnicos, las prácticas y los procedimientos organizativos de la empresa.
4. **Organización de la prevención.** Aquí hay que señalar la modalidad preventiva escogida y los órganos de representación existentes.

5. **Política de prevención de riesgos laborales.** Esta contendrá los objetivos y metas a alcanzar y el programa de actuación previsto para conseguirlo, especificando recursos humanos, técnicos, materiales y económicos.

Una vez conocido el contenido y las partes principales que incluye el Plan de prevención, lo más importante es la implantación de dicho Plan de prevención, una vez realizado, y seguirlo correctamente.

Hay que tener en cuenta que, para la gestión y aplicación del Plan de prevención, es fundamental la evaluación de los riesgos laborales existentes en cada trabajo y la planificación de la actividad preventiva adecuada.

 Recuerde

Para la gestión y aplicación del Plan de prevención es fundamental la evaluación de los riesgos laborales existentes en cada trabajo y la planificación de la actividad preventiva adecuada.

2.2. Obligaciones del empresario en materia de prevención

El empresario tiene una serie de **obligaciones** que ha de cumplir:

1. **Evaluación de riesgos.** El empresario deberá realizar una evaluación inicial de los riesgos que existan para la seguridad y salud de los trabajadores. Para realizar esta evaluación, se debe tener en cuenta la naturaleza de la actividad desarrollada por los trabajadores, las características de los puestos de trabajo y de los trabajadores que los desempeñan. Asimismo, se realizará una evaluación para la elección de los equipos de trabajo, las sustancias químicas (cuando sea necesaria su utilización) y el acondicionamiento de los lugares de trabajo. Esta evaluación debe tener en cuenta la normativa vigente en materia de protección de riesgos específicos y actividades de especial peligrosidad, en caso de ser esta de aplicación.

La evaluación habrá de ser actualizada siempre que cambien algunas condiciones de trabajo y también tendrá que ser revisada y modificada en caso necesario, si surgen o se detectan daños generados en la salud de los trabajadores.

2. **Controles periódicos.** Esta acción será consecuencia de la primera, de la evaluación de riesgos. El resultado de la evaluación de riesgos determinará si es necesaria la realización de controles periódicos de las condiciones de trabajo y de la actividad de los trabajadores. Permitirá detectar situaciones altamente peligrosas.

En relación a esto, la **Ley 54/2003**[1] indica:

> *Si los resultados de la evaluación prevista pusieran de manifiesto situaciones de riesgo, el empresario realizará aquellas actividades preventivas necesarias para eliminar o reducir y controlar tales riesgos. Dichas actividades serán objeto de planificación por el empresario, incluyendo para cada actividad preventiva el plazo para llevarla a cabo, la designación de responsables y los recursos humanos y materiales necesarios para su ejecución.*

3. **Efectiva ejecución de las actividades preventivas.** Es también responsabilidad del empresario que este se asegure de que la ejecución de las actividades preventivas que se incluyen en la planificación sean efectivas. Por ello, se debe realizar un seguimiento continuado de dicha planificación.

4. **Modificación de las actividades de prevención.** Del mismo modo, el empresario debe asegurarse de que se modifiquen las actividades de prevención cuando se detecte alguna salvedad de cara a los fines de protección necesarios perseguidos. Esto se detectará a través de los controles periódicos que se hagan.

5. **Investigación.** El empresario también debe realizar la investigación necesaria en el caso de que se produzca algún daño en la salud de los trabajadores o aparezcan indicios de que las medidas de prevención son insuficientes. Dicha investigación estará orientada a la detección de la/s causa/s que han producido dichas anomalías o adversidades.

---

1 Ley 54/2003, de 12 de diciembre, de reforma del marco normativo de la prevención de riesgos laborales.

 **Nota**

Se debe evaluar la eficacia del Plan de prevención a través de la evolución del estado de salud de todos los trabajadores.

2.3. Información y formación en materia de prevención de riesgos

No menos importante es la información y la formación en materia de prevención de riesgos laborales en cada puesto de trabajo concreto.

Sobre este aspecto, el **Real Decreto 39/1997, de 17 de enero, por el que se aprueba el Reglamento de los servicios de prevención,**[2] afirma que:

[...] habrán de ser objeto de integración en la planificación de la actividad preventiva las medidas de emergencia y la vigilancia de la salud [...], así como la información y la formación de los trabajadores en materia preventiva y la coordinación de todos estos aspectos.

Los trabajadores han de estar debidamente informados y formados en materia de prevención de riesgos laborales necesariamente para hacer del trabajo una actividad segura. Es el primer paso y se trata de un paso fundamental para evitar los riesgos en cada puesto de trabajo.

La formación en prevención de riesgos laborales ha de estar integrada en el Plan de prevención de la empresa para que resulte eficaz, y ha de ser planificada y organizada de forma adecuada y correcta para ello.

---

2 Real Decreto 39/1997, de 17 de enero, por el que se aprueba el Reglamento de los Servicios de Prevención. Art. 9

Importante

La formación en prevención de riesgos laborales se debe integrar dentro del Plan de prevención de la empresa.

Esta formación se debe adaptar a cada puesto de trabajo y a cada trabajador para conseguir que sea eficiente y dé resultado.

Hay que tener en cuenta que la formación es una herramienta de gestión y su eficacia será la máxima posible si responde a una buena planificación, es sistemática y continua, se integra en el Plan de prevención y formación de la empresa, se apoya en las necesidades reales de formación, es coherente con la formación general de la empresa y fomenta la implicación de todos los participante a lo largo del proceso completo.

2.4. Documentación a presentar por el empresario

Por último, hay que destacar los documentos que el empresario debe elaborar y conservar a disposición de la autoridad laboral para entender su importancia. Básicamente son los siguientes:

- Plan de prevención de riesgos laborales.
- Evaluación de los riesgos para la seguridad y la salud en el trabajo, incluyendo el resultado de los controles periódicos de las condiciones de trabajo y de la actividad de los trabajadores.
- Planificación de la actividad preventiva, incluyendo las medidas de protección y prevención a adoptar y el material de protección que se deba utilizar.
- Práctica de los controles del estado de salud de los trabajadores y conclusiones obtenidas de los mismos.

■ Relación de accidentes de trabajo y enfermedades profesionales que hayan causado al trabajador una incapacidad laboral superior a un día de trabajo, con su correspondiente notificación.

 Aplicación práctica

¿Está obligado el empresario a tener en su empresa un Plan de prevención de riesgos laborales hecho?

SOLUCIÓN

Sí, puesto que debe elaborar y conservar el Plan de prevención de riesgos laborales, entre otra documentación, a disposición de la autoridad laboral, de las autoridades sanitarias y de los representantes de los trabajadores, tal y como establece el Reglamento de los Servicios de Prevención, aprobado por el Real Decreto 39/1997, de 17 de enero.

3. Prevención de riesgos profesionales en el ámbito del mantenimiento de instalaciones térmicas

En general, hay que decir que la prevención merece la pena, puesto que la reducción de los accidentes laborales y de las enfermedades profesionales aumenta la productividad, reduce los costes y mejora la calidad del trabajo. Por este motivo, se está prestando cada vez mayor atención a la calidad de los servicios de prevención, a la formación en materia de higiene y seguridad en el trabajo y a los instrumentos para mejorar la aplicación de las normas de higiene y seguridad.

Las empresas que invierten en la protección de la salud de sus trabajadores a través de las políticas de prevención activas obtienen resultados positivos, como:

■ Reducción de los costes debidos al absentismo.
■ Disminución de la rotación del personal.

- Mayor satisfacción de los clientes.
- Incremento de la motivación.
- Mejora de la calidad.
- Adquisición de una mejor imagen.

El papel de la salud y la seguridad en el trabajo es fundamental para incrementar la competitividad y la productividad de las empresas.

La tendencia en materia de prevención, seguridad y salud laboral ha de ser hacia el bienestar de todos los trabajadores durante su jornada laboral, en el desempeño de su trabajo. Actualmente se utilizan acciones de cara a promoción, sensibilización, desarrollo de conocimientos, gestión, difusión de información y cooperación técnica en materia de riesgos laborales para obtener una máxima eficacia en los resultados. Se trata de anticiparse a los hechos para evitar las situaciones de riesgo y los accidentes.

3.1. Riesgos profesionales en el ámbito del mantenimiento de instalaciones térmicas

El primer paso para implantar un sistema de prevención de riesgos profesionales es el análisis y conocimiento de los riesgos inherentes al puesto de trabajo concreto del que se trate, para así llegar a las conclusiones adecuadas y poder tomar unas medidas de actuación correctas y eficaces.

Es imprescindible, por tanto, conocer cuáles son los accidentes más habituales durante la realización de actividades de mantenimiento de estas instalaciones y, por supuesto, también a qué tipo de riesgos están expuestos dichos trabajadores.

Accidentes comunes

En general, los **accidentes** más frecuentes son:

- Caídas desde altura o a distinto nivel (desde escaleras de mano, andamios, tejados...) o en zanjas.

- Tropiezos y caídas en superficies sin cambio de nivel, sobre todo resbalones y caídas en superficies húmedas y resbaladizas.
- Golpes, cortes, punzadas, pellizcos y aplastamiento de dedos y otras partes del cuerpo a causa de la utilización de herramientas de mano y maquinaria y de la manipulación de diversos elementos con bordes agudos así como de cargas.
- Lesiones mecánicas debidas al contacto con piezas rotatorias de aparatos en reparación, como puede ser un ventilador.
- Golpes en la cabeza con tuberías, barras situadas en alto, cantos, etc., principalmente en espacios cerrados o en sótanos y pasillos de techo bajo.
- Introducción de partículas extrañas en los ojos, normalmente al efectuar operaciones de perforación o aislamiento.
- Lesiones en los pies por caída de herramientas o de algún elemento de la instalación.
- Lesiones musculares producidas por sobreesfuerzos y malas posturas durante el desarrollo del trabajo.
- Quemaduras con superficies, líquidos calientes o fríos, líquidos corrosivos o gases refrigerantes liberados al romperse alguna tubería o alguna conexión.
- Quemaduras al manejar lámparas de soldar.
- Intoxicación aguda y quemaduras de origen químico como resultado de la utilización de disolventes, adhesivos y otras sustancias químicas.
- Descargas eléctricas y electrocución, debidas a la utilización de lámparas portátiles y herramientas eléctricas y al contacto con cables con corriente. En definitiva, descargas por contactos directos o indirectos.
- Incendios o explosiones como consecuencia de la utilización de lámparas o herramientas eléctricas móviles en espacios restringidos que contienen residuos de gases combustibles.
  Es decir, existe riesgo de incendio vinculado a la utilización de sustancias inflamables.
- Torceduras y lesiones de los órganos internos como resultado de un esfuerzo físico excesivo.
- Intoxicación por fosgeno emitido por disolventes clorados a temperaturas elevadas o por gases tóxicos liberados, sobre todo en espacios cerrados.
- Riesgo de accidentes de tráfico al dirigirse al lugar de prestación del servicio o al volver del mismo.

Riesgos químicos

Por otro lado, hay que destacar los **riesgos químicos** de la profesión:

■ Dermatitis de contacto debida a la exposición a diversos componentes de los líquidos y al contacto con disolventes y otros ingredientes de las colas.

■ Irritaciones oculares y del sistema respiratorio a causa de la exposición a líquidos corrosivos y otras sustancias perjudiciales.

■ Deficiencia de oxígeno o exposición a gases asfixiantes al trabajar en espacios cerrados.

■ Dermatosis debida a la exposición a combustibles, inhibidores de la corrosión y otros aditivos del agua.

■ Irritaciones oculares, del aparato respiratorio y de la piel producidas por la exposición a sustancias nocivas.

■ Irritación de las vías respiratorias superiores y tos como consecuencia de la inhalación de sustancias irritantes.

■ Intoxicación y enfermedades crónicas como resultado de la exposición a sustancias altamente nocivas o irritantes de forma continuada durante largos periodos de tiempo.

 Recuerde

Los accidentes más frecuentes durante el desarrollo de las operaciones de mantenimiento son las caídas, los golpes, los cortes, las lesiones musculares, las quemaduras y las descargas eléctricas.

Riesgos físicos y biológicos

Asimismo, esta profesión conlleva **riesgos físicos y biológicos**:

■ A veces existen niveles de ruido excesivos.

- Los trabajadores andan expuestos a una amplia gama de microorganismos, parásitos, etc., que pueden producir enfermedades importantes.
- Desarrollo de hongos y crecimiento de bacterias debido a elevadas temperaturas y humedad.

Factores ergonómicos

No menos importantes son los **factores ergonómicos** a los que se ve sometido un trabajador. En este caso, suelen:

- Estar expuestos a un exceso de frío o de calor en algunos casos.
- Presentar molestias lumbares.
- Presentar problemas de muñeca, debidos a un esfuerzo físico excesivo con esta parte del cuerpo, y lesiones musculares y óseas agudas causadas por un esfuerzo físico excesivo y posturas inadecuadas adoptadas al desplazar e instalar aparatos pesados.
- Tener estrés provocado por un exceso de calor.
- Tener cansancio y malestar general como resultado de la actividad física en un entorno ruidoso, caliente y húmedo en algunos casos.

Riesgos tóxicos

Por último, hay que destacar que es importante conocer las características de los **refrigerantes** que se utilizan en la instalación para poder predecir los posibles accidentes que se pueden producir y evitarlos al conocer las situaciones de riesgo ante las que se puede encontrar.

En general pueden producir gases de descomposición tóxicos en presencia de llamas; a veces, su olor intenso proporciona un aviso antes de alcanzarse concentraciones peligrosas; en la mayoría de los casos son inflamables; y pueden ser corrosivos.

3.2. Medidas preventivas en el ámbito del mantenimiento de instalaciones térmicas

El principal aspecto a destacar es la importancia de que las instalaciones y las revisiones periódicas para verificar el correcto mantenimiento de las instalaciones térmicas han de ser realizadas únicamente por personal autorizado en posesión del carné profesional correspondiente.

 Nota

El Real Decreto 1027/2007, de 20 de julio, por el que se aprueba el Reglamento de Instalaciones Térmicas en los Edificios (RITE) establece que las instalaciones térmicas deben diseñarse, calcularse, ejecutarse, mantenerse y utilizarse de forma que se prevenga y reduzca el riesgo de sufrir accidentes y siniestros capaces de producir daños o perjuicios, así como de otros hechos susceptibles de producir en los usuarios molestias o enfermedades.

En las instalaciones térmicas generalmente existen gases combustibles, cuya peligrosidad es evidente debido al carácter inflamable y/o explosivo de las sustancias. Por este motivo, es muy importante cumplir la reglamentación vigente sobre protección contra incendios. En este momento, hay que ceñirse al **Código Técnico de la Edificación (CTE)** sobre Condiciones de protección contra incendios en los edificios.

Hay que destacar que, para evitar riesgos, estas instalaciones han de estar debidamente señalizadas.

Recuerde

Los empresarios tienen el deber (por la Ley de Prevención de Riesgos Laborales) de evaluar los riesgos de los puestos de trabajo de sus empleados periódicamente, informarles sobre los riesgos de su actividad laboral y formarlos en materia de prevención de riesgos laborales. Cada vez que evalúen los riesgos, han de tomar las medidas oportunas para mejorar la calidad de realización del trabajo. Los empresarios han de garantizar la seguridad y salud de los trabajadores, elaborar los informes pertinentes cuando se produzcan accidentes de trabajo y organizar y adoptar las medidas necesarias en caso de peligro grave e inmediato.

Acciones preventivas para mejorar la seguridad

Entre las acciones preventivas para mejorar la seguridad en el desarrollo de esta actividad (la realizada por un trabajador profesional de instalaciones térmicas de edificios) se debe:

- Utilizar máquinas que cumplan las normas de seguridad (Marcado CE).
- Cumplir las normas de seguridad indicadas en la hoja de instrucciones de uso del fabricante.
- Revisar el estado de las herramientas y la maquinaria periódicamente.
- Utilizar dispositivos de protección (cubiertas, resguardos, barreras, dobles mandos...).
- Comprobar la eficacia de los dispositivos de protección existentes.
- Utilizar mangos seguros e interruptores de seguridad.
- Señalizar la zona y los elementos de trabajo.

En general, las instalaciones, máquinas y equipos, incluidas las herramientas manuales, sean o no accionadas por motor, deben:

- Ser de buen diseño y construcción y respetar los principios de la ergonomía en la medida de lo posible.
- Mantenerse en buen estado.
- Utilizarse únicamente en los trabajos para los que han sido concebidos.

- Ser manejados por los trabajadores que hayan recibido una formación apropiada.

Acciones preventivas para mejorar la seguridad ante determinados peligros

Por otro lado, hay que destacar las acciones preventivas que se deben llevar a cabo para mejorar la seguridad ante determinados peligros.

Para evitar cortes, rasguños y pinchazos provocados por bordes agudos de algunas piezas o elementos o por determinadas herramientas

Se deben utilizar guantes protectores, botas de seguridad y ropa apropiada, alisar los bordes metálicos y las superficies ásperas en la medida de lo posible y almacenar los objetos agudos de forma adecuada.

Para evitar posibles golpes producidos por el movimiento incontrolado de objetos o elementos

Se deben sujetar de forma segura los materiales y herramientas en el lugar de trabajo, sujetar firmemente las cargas que se transportan y así evitar que deslicen o se caigan, controlar la capacidad de carga de las zonas de almacenamiento, respetar la altura permitida de los apilamientos, utilizar casco de seguridad en las obras y usar válvulas de seguridad para limitar la presión en las mangueras.

Para evitar la proyección de partículas de polvo, virutas metálicas, astillas, etc.

Se debe colocar un sistema de aspiración en las máquinas de corte, elegir adecuadamente el útil de afilado, utilizar cubiertas de seguridad y usar protección ocular y/o de la cara, como gafas protectoras o pantallas.

Para prevenir las caídas al mismo nivel en superficies resbaladizas o con obstáculos

Es importante mantener los suelos secos, el orden y la limpieza, eliminar los residuos y obstáculos en el área de trabajo, no tender cables, conducciones, mangueras, etc. por la zona de trabajo, señalizar los obstáculos que haya y las diferencias de nivel en el suelo y utilizar calzado adecuado con suela antideslizante.

Para evitar caídas desde altura y sus consecuencias

Se deben instalar protecciones en los bordes de las superficies elevadas, escaleras, huecos de luz y aperturas en la pared, proteger los huecos y poner barreras en las zonas próximas a lugares elevados donde no se realizan trabajos, asegurar las escaleras de mano contra hundimientos y deslizamientos, prestar atención al ángulo de colocación de la escalera de mano, abrir completamente las escaleras de tijera, utilizar escaleras con zapatas antideslizantes, no enganchar la extensión de la escalera en el peldaño más alto, montar los andamios correctamente, utilizar protección individual para caídas si fuera necesario, anclar el equipo de parada de caídas (cuerdas, cinturones, etc.) de forma correcta, utilizar calzado de seguridad adecuado para andar por tejados y no andar sobre tejados no resistentes.

Para evitar las caídas a distinto nivel

También se deben utilizar barandillas y arneses de seguridad.

En general, se deben tomar medidas preventivas para evitar las caídas tanto de los trabajadores como de sus herramientas, materiales y objetos.

En el caso de posibles contactos eléctricos directos o indirectos hay que tener especial cuidado

No se deben utilizar máquinas y herramientas defectuosas o estropeadas y, por ejemplo, no se deben utilizar herramientas eléctricas con las manos y/o pies húmedos o mojados ni herramientas eléctricas que estén húmedas o mojadas. Todos los receptores deben incorporar un sistema de desconexión (interruptor), un sistema de protección contra sobrecargas y cortocircuitos (magnetotérmico) y derivaciones a tierra (interruptor diferencial). En el caso de existir posibilidad de contacto con líneas eléctricas aéreas, la compañía eléctrica puede desconectar la línea o proveerla de una protección adecuada y el operador debe respetar la distancia necesaria a la línea aérea. Es importante que todas las conexiones se realicen mediante fichas y bornes de conexión y que todos los elementos eléctricos lleven una conexión equipotencial o toma de tierra.

Cuando existan fuentes de ruido elevado

Hay que evaluar el ruido en el puesto de trabajo, reducir el tiempo de exposición al mismo, comparar el nivel de ruido especificado en las características de los equipos para decidir la compra de uno u otro y utilizar protección auditiva (como orejeras o tapones).

Para evitar la exposición a radiaciones no ionizantes en operaciones de soldadura

Es importante utilizar protección ocular para radiaciones no ionizantes. Del mismo modo, la utilización de un soplete o el contacto con elementos a gran temperatura puede provocar quemaduras, que se pueden evitar utilizando guantes de protección, elementos de protección de cara y ojos, ropa de protección y calzado de seguridad.

Cuando exista el peligro de contacto con productos que contengan sustancias químicas peligrosas (disolventes, adhesivos...)

Se debe exigir al fabricante la ficha de datos de seguridad del producto así como el etiquetado correcto de los productos, seguir las instrucciones de uso indicadas en dicha ficha de seguridad, ventilar el espacio o incluso utilizar un extractor si se utiliza en un lugar cerrado y usar protección respiratoria, guantes y/o ropa de trabajo adecuados en función de lo que especifiquen las instrucciones.

Para evitar incendios en operaciones de soldadura

Se deben eliminar inmediatamente los residuos combustibles, prohibir fumar en la zona de trabajo, los trabajos de soldadura se deben realizar solo con permiso de trabajo, la llama se debe reducir automáticamente cuando se apoya el soplete, utilizar soplete de mano con sistema de paro temporal de funcionamiento, disponer de válvula de antirretroceso de la llama, tener a mano extintores de incendio y los trabajadores deben conocer los planes de emergencia e instrucciones a seguir en su caso. Para evitar posibles explosiones, es muy importante ventilar y extraer el aire en espacios cerrados, probar la hermeticidad de los conductos de gas, cortar automáticamente el suministro de gas si la llama se apaga, colocar reductores de presión entre el recipiente de gas y el soplete y llevar a cabo un almacenamiento, mantenimiento y transporte adecuados de los recipientes de gases a presión.

Ante el peligro de infección por microorganismos (virus, bacterias, parásitos...)

Se deben tomar medidas de protección del cuerpo (ropa impermeable, guantes...), desinfección periódica de la piel y proceder a una adecuada eliminación de los desechos.

Para evitar los riesgos que supone el clima exterior

Se debe evitar el trabajo a la intemperie en condiciones extremas, usar protección solar y utilizar ropa para el frío y/o el agua.

Para prevenir los peligros de una escasa iluminación

Se deben utilizar lámparas portátiles adecuadas y prever iluminación artificial cuando la luz natural sea insuficiente.

Para no realizar sobreesfuerzos y eludir las consecuencias de trabajar con malas posturas

Se debe evitar trabajar desde baja altura para así prevenir daños en el cuello. En muchas ocasiones es necesario realizar el trabajo en una posición forzada, por lo que se debe despejar la zona de trabajo, utilizar elementos de protección que sirvan de apoyo (como rodilleras, banquitos, pequeñas plataformas...) y cambiar de postura frecuentemente.

Cuando el trabajo realizado requiera el manejo de cargas

Se deben utilizar medios de transporte auxiliares y equipos de alzado, repartir la carga entre varias personas, cargar los pesos pegados al cuerpo y en posición erguida e instruir a los trabajadores sobre los métodos de trabajo adecuados.

Para evitar los riesgos derivados de la manipulación de los refrigerantes

Hay que tomar medidas específicas. El almacenamiento de refrigerantes debe realizarse en botellas reglamentarias para el transporte de gases licuados a presión, situadas en locales ventilados y en los que no exista riesgo de que una eventual fuga pueda introducirse en el circuito de aire tratado.

Acciones preventivas en la organización del trabajo

No menos importante es la influencia de la organización del trabajo para evitar posibles peligros o riesgos. En este aspecto se debe:

- Promover la aceptación de las medidas de seguridad.
- Instruir convenientemente a los trabajadores sobre sus cometidos y las situaciones de riesgo en las que se pueden encontrar.
- Planificar reuniones para informar e instruir a los trabajadores en el tema de seguridad de forma periódica
- Promover la concienciación de responsabilidad por la seguridad del compañero de trabajo.
- Informar sobre posibles daños a consecuencia de no utilizar equipos de protección individual.
- Para evitar el estrés hay que planificar los trabajos y asignarles el tiempo adecuado teniendo en cuenta una parte para imprevistos, seleccionar al trabajador según la actividad que ha de desarrollar, coordinándose con otros miembros del equipo, y organizar todas las herramientas y materiales necesarios en la obra antes de salir del taller.
- Instruir a los trabajadores sobre primeros auxilios y nombrar y preparar encargados en primeros auxilios para saber cómo actuar ante casos de emergencia y que no se produzcan situaciones de riesgo y peligros mayores.

Importante

Es de especial importancia que las vías de evacuación se mantengan limpias e iluminadas.

Uso de equipos de protección

También pueden presentarse peligros por defectos en el uso de equipos de protección. Por ello, hay que:

- Utilizar puntos de fijación adecuados para cinturones de seguridad y resguardos.
- Adoptar las medidas de seguridad adecuadas al desarrollo de trabajos en altura y utilizar dispositivos de captura para prevenir caídas.
- Utilizar los EPI con marcado CE, eligiendo el EPI adecuado y el número adecuado de los mismos en función del riesgo, realizando un mantenimiento y una limpieza del EPI de acuerdo con las instrucciones del fabricante, manteniéndolo en buenas condiciones de uso, sustituyendo el EPI si está defectuoso y utilizando los recambios necesarios. Además, los EPI no deben ser expuestos al sol ni a las inclemencias del tiempo, hay que comprobar su caducidad y su eficacia periódicamente, especialmente después de un uso intenso.

Importante

La utilización de equipos de protección individual (EPI) en mal estado o la utilización incorrecta de los mismos también es un peligro que debe evitarse. Los trabajadores tienen la obligación de utilizar y cuidar de manera adecuada la ropa y el equipo de protección personal que el empresario le suministre.

4. Medios y equipos de seguridad

Para evitar los riesgos vinculados a una determinada actividad laboral siempre se ha de intentar actuar en primer lugar, si es posible, eliminando el foco del riesgo. Si esto no es posible, habrá que intentar actuar sobre el medio a través del cual se genera el riesgo. Y, en último lugar, si no es posible eliminar o reducir el riesgo por ninguno de los dos métodos anteriores, habrá que actuar sobre el trabajador. En este último caso, en primer lugar se intentarán tomar las medidas de protección colectivas oportunas y si estas no son viables, habrá que recurrir a los medios de protección individual.

Orden de prioridad de aplicación de las medidas de prevención

$\vee$

1.º FOCO
Lugar donde se genera el riesgo

$\vee$

2.º MEDIO
Por donde se transmite el riesgo

$\vee$

3.º TRABAJADOR
Recibe el riesgo

 Definición
_____

Seguridad
Cualidad de estar libre y exento de todo peligro, daño o riesgo.

Recuerde

Los EPI son la última opción de la actividad preventiva y solo pueden ser utilizados cuando no sea posible la eliminación del riesgo o su reducción a través de medios de protección colectiva o de una buena organización en los procedimientos de trabajo.

Aplicación práctica

Si durante las tareas de mantenimiento ha de realizar una operación en la que deba aplicar un adhesivo fuerte, que desprenda sustancias contaminantes que puedan afectarle durante su inhalación, ¿qué actuaciones propondría para eliminar el riesgo o reducirlo y en qué orden?

SOLUCIÓN

En primer lugar, lo ideal sería eliminar el foco. Esto se puede conseguir utilizando otro adhesivo menos contaminante, que no suponga un riesgo para la salud del operario y que tenga las mismas propiedades funcionales. Si no es posible eliminar por completo el foco contaminante, al menos intentar utilizar uno que reduzca el riesgo.

En caso de que esta primera actuación no fuera posible, se debería actuar sobre el medio. En este caso el medio de transmisión sería el aire puesto que se trata de un contaminante por inhalación. Por tanto, una opción sería garantizar una buena ventilación del lugar y utilizar equipos de aspiración en caso necesario.

Por último, se debe recurrir a la actuación sobre los trabajadores. En este sentido, por ejemplo, se pueden utilizar mascarillas apropiadas para evitar que el operario inhale las sustancias contaminantes desprendidas del adhesivo.

4.1. Equipos de protección individual

El Reglamento 2016/425[3] define como **EPI:**

Cualquier dispositivo o medio que vaya a llevar o del que vaya a disponer una persona, con el objetivo de que la proteja contra uno o varios riesgos que puedan amenazar su salud y su seguridad.

En relación a los equipos de protección individual, existen una serie de responsabilidades por parte del empresario y del trabajador.

- El **empresario** es el responsable de:

  - Promover la utilización de los equipos de protección individual (EPI) necesarios.
  - Determinar los EPI precisos según el puesto de trabajo y las tareas realizadas y suministrárselos a los trabajadores.
  - Informar a los trabajadores sobre el tema (cuándo usar los EPI, cómo hacerlo, etc.).
  - Controlar que su utilización se está realizando correctamente y se le está dando un mantenimiento adecuado.

- Por otro lado, el **trabajador** tiene la obligación de:

  - Utilizar los EPI correctamente.
  - Cuidarlos adecuadamente según las instrucciones recibidas.
  - Informar inmediatamente si detecta algún desperfecto en estos equipos que pueda afectar a la eficacia de los mismos.

Es importante destacar que los equipos de protección individual, generalmente, han de llevar el **Marcado CE** (Marcado de Conformidad Europea) para que puedan ser comercializados y utilizados por las empresas en la Comunidad Europea.

---

3 Reglamento 2016/425 del Parlamento Europeo y del Consejo, de 9 de marzo de 2016, relativo a los equipos de protección individual.

Nota

El símbolo del Marcado CE tiene que tener una proporción en sus dimensiones y su tamaño nunca puede ser inferior a 5 mm.

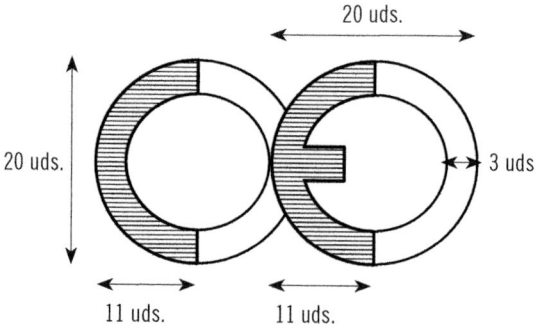

Clasificación de los EPI

Los EPI se pueden clasificar en función de los riesgos que previenen.

Equipos de protección frente a golpes mecánicos

Dentro de este tipo de equipos de protección se pueden distinguir tres grupos:

1. Equipos de protección frente a **golpes** resultantes **de caídas** o **proyecciones de objetos** e **impactos** de una parte del cuerpo contra un obstáculo. La misión de este tipo de equipos es amortiguar los efectos de un golpe, evitando cualquier lesión producida por aplastamiento o penetración de la parte protegida.
2. Equipos de protección frente a **caídas de personas.** Dentro de ellos se incluyen tanto las caídas por resbalón como las caídas desde alturas.

En el caso de las primeras, las caídas por resbalón, para evitarlas, las suelas del calzado han de estar diseñadas, fabricadas y dotadas de dispositivos adecuados para garantizar una buena adherencia por contacto o rozamiento, que dependerá de la naturaleza y del estado del suelo sobre el que trabaje el operador.

Para evitar las caídas desde alturas, los EPI deben llevar un dispositivo de agarre y sostén del cuerpo y un sistema de conexión que pueda unirse a un punto de anclaje seguro. Deben estar diseñados y fabricados de forma que la desnivelación del cuerpo sea lo más pequeña posible para evitar cualquier golpe contra un obstáculo y que la fuerza de frenado no pueda provocar lesiones corporales ni apertura o rotura de algún componente del equipo que pueda provocar la caída del usuario. Además, una vez producidos el frenado, deben garantizar una postura correcta del usuario que permita esperar auxilio. Por otro lado, hay que destacar que el fabricante debe precisar en su folleto informativo: las características requeridas para el punto de anclaje seguro, la longitud residual mínima necesaria del elemento de amarre por debajo de la cintura del usuario y la forma adecuada de llevar el dispositivo de agarre y sostén del cuerpo.

3. Equipos de protección frente a **vibraciones mecánicas.** Deben amortiguar las vibraciones en la parte del cuerpo que haya que proteger.

Equipos de protección frente a la compresión (estática) de una parte del cuerpo

Son los que deben proteger una parte del cuerpo contra esfuerzos de compresión y deben amortiguar sus efectos para evitar lesiones graves o afecciones crónicas.

Equipos de protección frente a agresiones físicas

Son los destinados a proteger todo o parte del cuerpo contra agresiones mecánicas superficiales, como rozamientos, pinchazos o cortes. Deben estar diseñados y dispuestos de forma que ofrezcan una resistencia a la abrasión, perforación y corte adecuada a las condiciones de uso.

Equipos de protección frente a descargas eléctricas

Deben presentar un grado de aislamiento adecuado a los valores de las tensiones a las que el usuario pueda exponerse en las condiciones más desfavorables predecibles. Deben llevar una marca que indique el tipo de protección y/o la tensión de utilización correspondiente, el número de serie y la fecha de fabricación. Además llevarán en la parte externa de la cobertura protectora un espacio reservado al marcado de la fecha de puesta en servicio y de pruebas y controles. En el folleto informativo, el fabricante debe indicar también el uso del equipo y la naturaleza y periodicidad de los ensayos dieléctricos a los que deberán someterse durante el tiempo que duren.

Equipos de protección frente al ruido

Deben atenuarlo de forma que los niveles sonoros equivalentes percibidos por el usuario no superen nunca los valores límite de exposición diaria establecidos en el Real Decreto 286/2006, de 10 de marzo, sobre la protección de la salud y la seguridad de los trabajadores contra los riesgos relacionados con la exposición al ruido. Además, deben tener una etiqueta donde se indique su grado de atenuación acústica y el valor del índice de comodidad que proporciona.

Equipos de protección frente al frío

Deben presentar una capacidad de aislamiento térmico y una resistencia mecánica adaptados a las condiciones de uso.

Equipos de protección frente al calor y/o el fuego

Al igual que en el caso anterior, deben tener una capacidad de aislamiento térmico y una resistencia mecánica adecuados a las condiciones de uso. En este caso, los materiales de fabricación serán esenciales para conseguir dichas características.

Equipos de protección frente a radiaciones

Hay que distinguir entre radiaciones ionizantes y no ionizantes.

- En el caso de protección frente a **radiaciones no ionizantes,** los equipos deben proteger la vista absorbiendo o reflejando la mayor parte de la energía radiada que pueda ser nociva para el usuario. En este caso, cada ocular filtrante debe llevar señalizado el grado de protección correspondiente.
- En el caso de protección frente a **radiaciones ionizantes,** los equipos destinados a proteger todo o parte del cuerpo contra el polvo, el gas o el líquido radiactivo o su mezcla deberán diseñarse y elegirse de forma que impidan eficazmente la penetración de contaminantes.

Equipos de protección frente a sustancias peligrosas y agentes infecciosos

En este caso, hay que distinguir entre los equipos de protección frente a los agentes que penetran a través de las vías respiratorias y las que actúan por contacto cutáneo u ocular.

- Los **equipos de protección de las vías respiratorias** deben permitir que el usuario disponga de aire respirable cuando esté expuesto a una atmósfera contaminada y/o cuya concentración de oxígeno sea insuficiente. Deben llevar la marca de identificación del fabricante, la descripción de sus características y las instrucciones de utilización correcta. Además, en el caso de aparatos filtrantes, el fabricante debe indicar en el folleto informativo la fecha límite de almacenamiento del filtro nuevo y las condiciones de conservación.
- Los **equipos de protección cutánea u ocular,** cuya misión sea evitar los contactos superficiales con las sustancias peligrosas y los agentes infecciosos, deben impedir la penetración o difusión de estas sustancias a través de la cobertura protectora. En algunos casos, el periodo de tiempo durante el cual la protección es adecuada es limitado. En estos casos, debe quedar totalmente claro y especificado dicho periodo por el fabricante.

CLASIFICACIÓN DE LOS EPI
Equipos de protección frente a golpes mecánicos
Equipos de protección frente a la compresión (estática) de una parte del cuerpo
Equipos de protección frente agresiones físicas
Equipos de protección frente a descargas eléctricas
Equipos de protección frente al ruido
Equipos de protección frente al frío
Equipos de protección frente al calor y/o el fuego
Equipos de protección frente a radiaciones
Equipos de protección frente a sustancias peligrosas y agentes infecciosos

Categorías de los EPI

Del mismo modo, existen distintas categorías de EPI. Dichas categorías serán establecidas por el fabricante y determinan el nivel de protección que proporcionan frente al riesgo para el que se diseñaron y fabricaron. Estas categorías son:

- **Categoría 1.** Se trata de equipos sencillos, en los que el propio usuario puede determinar su eficacia contra riesgos mínimos, cuyos efectos pueden ser percibidos a tiempo, sin que el usuario corra peligro.
- **Categoría 2.** Dentro de esta categoría se englobarán los EPI que no se incluyan ni en la categoría 1 ni en la categoría 3. Se trata de equipos con un diseño que no es sencillo, pero que tampoco reúnen las características de los equipos de categoría 3.
- **Categoría 3.** Son equipos con un diseño complejo y están destinados a proteger al usuario frente a peligros mortales o peligros que puedan dañar gravemente y de forma irreversible su salud, sin que se pueda descubrir su efecto a tiempo.

 **Nota**

Los EPI de categoría 1 no tienen que llevar el Marcado CE necesariamente.

4.2. Equipos de protección individual en instalaciones solares fotovoltaicas

A continuación, se analizarán algunos equipos de protección individual de uso común en trabajos de mantenimiento de instalaciones solares fotovoltaicas más detalladamente:

- **Guantes.** En este caso, deben ser unos guantes adecuados para el manejo de material eléctrico. De ese modo, protegerán frente a contactos eléctricos y a su vez frente a golpes, cortes y heridas en las manos así como roces con determinados elementos.

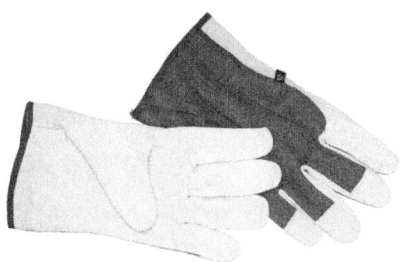

- **Calzado de seguridad.** Este protege los pies contra posibles lesiones. Existen diversos tipos entre los que pueden destacarse:

  - Los que llevan puntera reforzada, que protegen de caídas de objetos y golpes.
  - Los que llevan plantilla reforzada, que protegen de pinchazos y cortes en la planta del pie.
  - Los que llevan tobillera que protegen el tobillo de golpes y torceduras.

▌ Los aislantes que se utilizan en trabajos con electricidad.

En este caso, lo más adecuado es utilizar calzado de seguridad aislante con la suela lo más adherente posible, puesto que determinadas instalaciones exigirán el trabajo sobre tejados inclinados.

■ **Cinturón o arnés de seguridad.** Para evitar caídas a distinto nivel cuando se trabaje en altura.

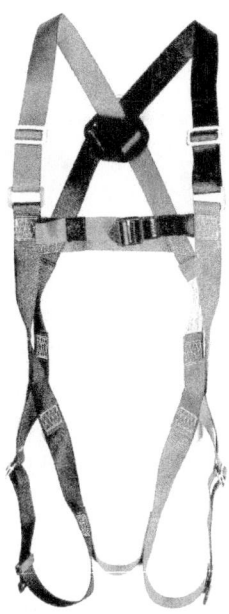

- **Gafas protectoras.** En este caso, será necesario que sean unas gafas adecuadas para evitar la entrada de partículas en los ojos, pero también para evitar deslumbramientos provocados por los rayos solares.

- **Casco.** En determinados trabajos es conveniente la utilización de un casco de seguridad para evitar que piezas o herramientas caigan desde una altura por encima de la que se sitúa el operario y golpeen al mismo. El casco de seguridad protege la cabeza de golpes y choques en el cráneo, de caída y proyección violenta de objetos e incluso de contactos eléctricos.

 Importante

Cuando un casco sufra un impacto violento, debe ser sustituido aunque no se aprecie deterioro alguno.

5. Prevención y protección medioambiental

La mejor manera de llevar a cabo una prevención y una protección en materia medioambiental es a través de la **gestión ambiental.** Se trata de integrar el factor ambiental dentro de gestión y organización de la empresa.

Este aspecto tiene cada vez más importancia puesto que está regulado a nivel legislativo y, por tanto, existe un control mayor. Además hay que añadir el factor de la concienciación social, que va en aumento año tras año. Por tanto, será necesario cumplir una serie de normas cuya base es la protección del medio ambiente, y además se cumplirá con las exigencias del consumidor y la empresa podrá presumir y demostrar su forma de trabajar en este aspecto.

Actualmente se intenta conseguir la protección del medioambiente a través de la coordinación de la política de residuos con las políticas económica, industrial y territorial. Se trata de incentivar la reducción de la contaminación desde el origen y su gestión, dando prioridad a la **reutilización,** el **reciclado** y la **valorización** de los residuos sobre otras técnicas de gestión. Se promueven las tecnologías menos contaminantes en la eliminación de residuos.

 Definición

Reutilización
Empleo de un producto usado para el mismo fin para el que fue diseñado originariamente.

Reciclado
Transformación de los residuos, dentro de un proceso de producción, para su fin inicial o para otros fines.

Valorización
Todo procedimiento que permita el aprovechamiento de los recursos contenidos en los residuos sin poner en peligro la salud humana y sin utilizar métodos que puedan causar perjuicios al medioambiente.

Para implantar un Sistema de Gestión Ambiental (SGA), el primer paso es definir el alcance y los objetivos de dicho sistema y la política ambiental, es decir, la política a seguir en la organización en materia de medioambiente.

Cuando se habla de alcance del SGA, se trata de definir y recoger las actividades, productos y servicios pueden causar cualquier impacto sobre el medioambiente.

Sin embargo, cuando se habla de política ambiental, ya se está haciendo referencia a las intenciones y direcciones generales y medidas que se van a tomar en relación a la actividad ambiental.

5.1. Certificación

Si la empresa quiere competir en el mercado a un nivel superior, puede optar por la certificación ambiental.

 Definición

Certificación ambiental

Es una declaración que afirma que la empresa, los productos de esta, los procesos o el servicio cumplen los requisitos establecidos por norma en materia medioambiental. Dicha declaración habrá de estar hecha por una entidad reconocida que esté acreditada por ENAC.

Las organizaciones que deseen este reconocimiento en cuanto a su comportamiento en materia medioambiental pueden optar por:

- **Normas ISO 14001:2015:** Sistemas de Gestión Ambiental.
- **Reglamento EMAS:** Sistema Comunitario de Ecogestión y Ecoauditoría.

5.2. Medidas preventivas

A continuación, se enumerarán una serie de acciones básicas y generales en las que hay que poner especial atención para fomentar la prevención y la protección del medioambiente durante los trabajos de mantenimiento de instalaciones solares fotovoltaicas.

Recursos y elementos

Siempre se deben utilizar en todas las operaciones de mantenimiento únicamente los recursos mínimos necesarios. Asimismo, se deben elegir siempre los elementos y componentes menos perjudiciales para el medioambiente.

Residuos

Este tema es fundamental en materia medioambiental: la **gestión de los residuos.** Aunque la energía obtenida con estas instalaciones es energía limpia, y no genera residuos contaminantes, existen muchos componentes de las instalaciones solares fotovoltaicas que sí son altamente contaminantes, como pueden ser las baterías, que una vez han de sustituirse, debido a su deterioro, se convierten en residuos. Es necesario que todos los residuos se gestionen de forma adecuada.

 Definición

Gestión de residuos
Es la recogida, el transporte y tratamiento de los residuos, incluida la vigilancia de estas operaciones, así como el mantenimiento posterior al cierre de los vertederos, incluidas las actuaciones realizadas en calidad de negociante o agente.

La **Ley 7/2022**, de 8 de abril, de residuos y suelos contaminados para una economía circular establece la obligatoriedad por parte de los poseedores de residuos, siempre que no procedan a gestionarlos por sí mismos, de entregarlos a un **gestor de residuos** para su valorización o eliminación. El poseedor de los residuos está obligado, asimismo, a mantener los residuos en condiciones adecuadas de higiene y seguridad mientras estos se encuentren en su poder. Además establece que todo residuo potencialmente reciclable o valorizable deberá ser destinado a estos fines, evitando su eliminación en todos los casos posibles. Está totalmente prohibido el abandono, vertido o eliminación incontrolada de residuos en todo el territorio nacional y toda mezcla o dilución de residuos que dificulte su gestión. Toda infracción cometida en relación con el vertido, abandono y manipulación de residuos tiene su sanción correspondiente.

 Nota

Los lugares e instalaciones apropiados para la eliminación de los residuos vienen determinados en los planes autonómicos de residuos. En algunos casos, los responsables de la puesta en el mercado de productos que con el uso se transforman en residuos, organizan sistemas propios de gestión.

Cada tipo de residuos tendrá que ser gestionado de la forma adecuada y correcta. A continuación, se especificarán algunos de los residuos que pueden generarse en las tareas de mantenimiento de estas instalaciones:

- **Paneles solares.** Al finalizar su vida útil, deben ser reciclados mediante procesos adecuados para evitar la producción de gases tóxicos.
- **Baterías.** Estas contienen ácidos, que son sustancias peligrosas, por ello han de ser tratadas con especial cuidado.

5.3. Ventajas de la implantación de un sistema de gestión medioambiental

A la hora de decidir si establecer un sistema de gestión medioambiental completo o no, es importante conocer las ventajas que se obtendrán:

- **Reducción de costes.** La gestión ambiental supone una reducción de costes puesto que se reduce el consumo de recursos naturales, disminuye cantidad de residuos generados y se pueden recuperar productos o subproductos que se volverán a utilizar.
- **Beneficios administrativos.** Esto permite el acceso a determinadas subvenciones y ayudas fiscales, garantizando el cumplimiento de la ley.
- **Mayor valor competitivo.** A nivel de competencia en el mercado, se produce una subida de nivel gracias a que este es un factor que cada vez más clientes analiza antes de elegir, convirtiéndose en un factor determinante en muchos casos. Se trata de un punto de confianza. Además amplía las posibilidades y oportunidades.
- **Aumento de la motivación de los operarios.** Aumentará su sensibilización con el tema gracias a la formación e información que estos deberán recibir.

6. Emergencias

En cualquier trabajo pueden surgir situaciones de emergencia ante las cuales es necesario saber cómo actuar de forma rápida y eficaz.

La **Ley 31/1995,** de 8 de noviembre, de Prevención de Riesgos Laborales establece las obligaciones del empresario en cuanto a la adopción de medidas adecuadas y el suministro de las instrucciones a seguir para actuar de forma rápida y eficaz en caso de situaciones de emergencia. Para ello, es necesario comenzar por el análisis de las posibles situaciones de emergencia que se puedan presentar para así poder establecer las medidas correspondientes a adoptar.

Para que las situaciones de emergencia se resuelvan de una manera correcta y rápida es necesario tanto disponer de los elementos de seguridad adecuados como que el personal sepa actuar correctamente. Por ello, es necesario que exista un **Plan de actuación,** conocido por todo el personal, que indique la forma de actuar ante las distintas situaciones de emergencia que puedan surgir. Asimismo, será necesario que el personal reciba la formación al respecto y sea adecuadamente entrenado.

Nota

Una de las situaciones de emergencia más usuales en este tipo de trabajo es la generada por un incendio.

6.1. El Plan de emergencia

El **Plan de emergencia** es el documento que recoge todas las actuaciones a llevar a cabo por el personal en caso de que surja una situación de emergencia. Este Plan de emergencia debe ser desarrollado por el jefe de seguridad antes de que ocurra una situación de este tipo y todo el personal debe conocerlo por escrito.

Una vez que todo el personal esté formado e informado y conozca el Plan de emergencia, es necesario realizar simulacros inesperados mediante los cuales se podrá observar si el plan es efectivo o no.

 Consejo

Es recomendable la realización de simulacros una vez al año como mínimo.

Realmente el Plan de emergencia formaría parte del **Plan de autoprotección,** que está formado por los siguientes documentos o partes:

1. Evaluación del riesgo.
2. Medios de protección: materiales y humanos.
3. Plan de emergencia.
4. Implantación.

El Plan de emergencia debe recoger la secuencia de acciones a realizar en caso de que se produzca una emergencia concreta. En primer lugar habrá que hacer una clasificación de las emergencias, una identificación y descripción de los medios humanos, una enumeración y descripción de las acciones a desarrollar en caso de emergencia, un desarrollo de las secuencias de actuación del Plan de emergencia u operativa general (que recogerá el Plan de alarmas, el Plan de extinción y el Plan de evacuación), habrá que especificar las variaciones de la operativa general (estas variaciones se deben a la disponibilidad de medios en determinadas horas del día según las áreas).

 Importante

Hay que vigilar que el Plan de emergencias esté correctamente implantado.

6.2. Evacuación

El **Plan de evacuación** define todos los medios y actuaciones cuya función es la evacuación y el auxilio de las personas que hay en un lugar cuando se produce una situación de emergencia que obliga a ello.

 Definición

Evacuación
Acción de desalojar un local o edificio donde se ha declarado una situación de emergencia, como puede ser un incendio.

La persona encargada de poner en marcha o activar el Plan de evacuación cuando se produce una emergencia es el **jefe de emergencia,** que es quien valorará si es necesario o no.

Para hacer posible una rápida evacuación en caso necesario, deben existir las llamadas **vías de evacuación.** Estas vías de evacuación pueden ser:

- **Vías de evacuación horizontales.** Dentro de ellas se pueden encontrar los pasillos y las puertas.
- **Vías de evacuación verticales.** Pueden ser rampas o escaleras, por ejemplo.

Hay que tener presente que el aspecto más importante para la realización de un buen Plan de evacuación es el tiempo necesario para llevar a cabo la misma. Dicho tiempo de evacuación depende de la capacidad de paso que tengan las vías previstas para ello y del tipo de ocupación laboral.

 Recuerde

En el proceso de evacuación el parámetro del tiempo es fundamental.

Aspectos a tener en cuenta para la eficacia en la evacuación

La eficacia en la evacuación de un lugar va a depender de diversos factores como:

- **Número y posición de las salidas.** Debe existir un número de salidas suficiente. Además, estas salidas deben estar ubicadas estratégicamente, de forma que la distancia que el personal tenga que recorrer desde cualquier punto del lugar hasta una de ellas sea razonable y el mínimo posible.
- **Anchura de las salidas.** La anchura de las salidas debe ser adecuada al número de personas, a sus características y al tipo de ocupación del local.
- **Características de las puertas.** Es muy importante que las puertas de acceso a una vía de evacuación se abran siempre en el mismo sentido en el que se deba circular. Además, su apertura no debe disminuir, en ningún caso, el ancho útil de la vía de evacuación.

- **Anchura útil de las vías de evacuación.** Las vías de evacuación deben tener durante todo su recorrido una anchura constante. En caso de que cambie, podrán hacerlo en sentido creciente siguiendo el sentido de circulación.

  - **Señalización.** Deben utilizarse todas las señales necesarias para indicar de forma clara la dirección de los recorridos de evacuación y estas deben ser visibles desde el origen de evacuación.
  - **Comunicación con zonas de incendio.** Es importante que las vías de evacuación no tengan aberturas que comuniquen con alguna posible zona de incendio.

Hay que tener en cuenta además que es necesario garantizar unas condiciones de evacuación que propicien la salida de forma segura y rápida de cualquier zona, ya que cualquier zona puede convertirse en una zona de peligro ante una situación de emergencia que surja. Por ello, siempre deben existir alternativas de salida y vigilarse el estado de las mismas.

 Consejo

Hay que mantener todas las vías de evacuación limpias y libres de obstáculos.

 Aplicación práctica

Si un lugar de trabajo está ocupado por trescientas personas y tiene una única salida de un metro de ancho que se abre de fuera hacia dentro y da a un pasillo que se va estrechando según va llegando al exterior, ¿cree usted que dicho lugar de trabajo es una vía de evacuación adecuada para una situación de emergencia?

SOLUCIÓN

No.

Continúa en página siguiente >>

<< Viene de página anterior

En primer lugar, deberían existir más salidas para el número de trabajadores que hay, y deben estar adecuadamente repartidas para minimizar el espacio a recorrer por cada trabajador.

En segundo lugar, la anchura de las salidas ha de ser apropiada también al número de personas, a sus características y al tipo de ocupación del local.

Además el sentido de apertura de la puerta tampoco es correcto, ya que debería abrir hacia afuera, hacia la calle y no hacia el recinto, para favorecer la evacuación, ya que si todo el mundo se agolpara sobre la puerta, sería imposible su apertura y la gente resultaría aplastada al intentar salir.

Por otro lado, la vía de evacuación, en este caso el pasillo, en ningún caso puede ir estrechándose, debe ir haciéndose cada vez más ancho o permanecer con una anchura constante.

6.3. Primeros auxilios

Los primeros auxilios pueden ser fundamentales para conseguir el control y evitar consecuencias peores o más graves en situaciones de emergencia. Por ello, debe haber personas capacitadas para prestar un auxilio inicial a posibles víctimas.

 Nota

Toda la población en general debería tener unas nociones básicas en primeros auxilios para poder actuar en cualquier situación de emergencia que se le pueda plantear hasta que lleguen los equipos asistenciales profesionales.

En primeros auxilios es primordial conocer el orden en el que se deben llevar a cabo las actuaciones principales:

1. **Proteger.** En primer lugar habrá que proteger y asegurar el lugar para evitar que se produzcan nuevos accidentes o situaciones de emergencia a consecuencia de ello o se agrave lo ocurrido. En muchos casos, habrá que señalizar la zona y controlar los aspectos que puedan provocar un riesgo mayor.
2. **Alertar.** Después hay que avisar a los medios de socorro de la forma más rápida posible. Además habrá que informarles del lugar de los hechos, de lo ocurrido, del número de personas implicadas, del estado de las mismas y de las circunstancias o peligros que puedan agravar la situación.
3. **Socorrer.** Una vez llevados a cabo los dos pasos anteriores, llega la hora de prestar los primeros cuidados a la persona que los necesita hasta que llegue el personal especializado.

 Nota

Siempre se debe facilitar un teléfono de contacto al alertar de lo ocurrido y hacer la petición de ayuda o socorro.

Sin embargo, si uno se encuentra solo para llevar a cabo las labores de primeros auxilios, lo mejor es llevar a cabo estas acciones en el siguiente orden:

1. Proteger.
2. Socorrer.
3. Alertar.

 Importante

Los primeros auxilios o cuidados que se le presten a una persona en situación de emergencia van a determinar su posterior evolución.

Los primeros auxilios están compuestos por una serie de acciones que deben realizarse siguiendo un orden previamente establecido, tal y como se muestra:

1. Evaluación de la conciencia de la persona.
2. Evaluación de su respiración.
3. Evaluación del pulso.

Algunas pautas generales a seguir durante los primeros auxilios que se le realicen a una persona son:

- Hay que evitar mover a la persona.
- Es importante controlar las hemorragias agudas.

 Importante

Nunca se debe realizar ninguna práctica que no se conozca o no se esté seguro de si mejorará a la persona porque, ante todo los primeros auxilios tienen como objetivo evitar el empeoramiento del estado de la persona hasta que lleguen los servicios sanitarios profesionales.

Por otro lado, en cuanto al tema de primeros auxilios, hay que destacar un elemento: el **botiquín.** El botiquín es el lugar donde se deben mantener guardados los materiales que se utilizan para curas de primeros auxilios.

 Nota

El botiquín no debe tener cerradura para que se pueda utilizar en una situación de emergencia de forma rápida, pero es importante que esté fuera del alcance de los niños.

7. Señalización de seguridad

La **señalización** es una forma de comunicación y una medida útil para avisar de los peligros, reforzar y recordar las normas de comportamiento y las obligaciones frente a las condiciones peligrosas y provocar una forma de actuar que favorezca la seguridad.

 Importante

La señalización es una manera de informar, obligar, prohibir o advertir sobre un riesgo, pero no lo elimina.

A efectos del **Real Decreto 485/1997[4]**, de 14 de abril, se entiende por señalización de seguridad y salud en el trabajo:

[...] una señalización que, referida a un objeto, actividad o situación determinadas, proporcione una indicación o una obligación relativa a la seguridad o la salud en el trabajo mediante una señal en forma de panel, un color, una señal luminosa o acústica, una comunicación verbal o una señal gestual, según proceda.

El R. D. 485/1997 establece que será necesario utilizar la señalización cuando no sea posible eliminar o reducir suficientemente el riesgo mediante medidas técnicas y organizativas de protección colectiva.

Asimismo, toda señal debe cumplir una serie de principios básicos:

- Debe ser capaz de atraer la atención de los implicados en el peligro.
- Debe advertir del peligro con antelación suficiente.
- Ha de ser clara y llevar a una única interpretación.

---

4 Real Decreto 485/1997, de 14 de abril, sobre disposiciones mínimas en materia de señalización de seguridad y salud en el trabajo. Art. 2.

- Los implicados deben disponer de los medios necesarios para poder cumplir con la señalización.
- Todas las señales han de tener una conexión coherente entre sí.
- Han de estar de acuerdo con los aspectos de normalización establecidos legalmente.
- Es necesario realizar una adecuada y correcta conservación de las señales, incluyendo su renovación cuando sea necesario.

 Recuerde

La señalización no debe considerarse una medida sustitutiva de las medidas técnicas y organizativas de protección colectiva ni de la formación y la información que han de recibir los trabajadores en materia de seguridad y salud en el trabajo.

7.1. Colores de seguridad

Los colores de seguridad son fundamentales dentro de las señales.

 Definición

Color de seguridad
Color al que se atribuye una significación determinada en relación con la seguridad y salud en el trabajo.

A continuación se especifica cada color con su significado y utilización o aplicación correspondiente en señalización de seguridad:

- **Rojo.** Se utiliza con el significado de prohibición, peligro o alarma y en señales de material o equipos de lucha contra incendios.
- **Amarillo o amarillo anaranjado.** Se usa en señales de advertencia para que el trabajador preste atención, tenga precaución o realice alguna verificación.
- **Azul.** Se utiliza en señales de obligación, indicando algún comportamiento o acción específica o una obligación en cuanto a la utilización de un equipo de protección individual, por ejemplo.
- **Verde.** Puede indicar alguna situación de seguridad o utilizarse en señales de salvamento y auxilio, como pueden ser las que indican puertas, salidas o puestos de salvamento.

 Nota

Con los colores rojo, azul y verde se utiliza como color de contraste el color blanco. Sin embargo, con el color amarillo o amarillo anaranjado se utiliza el color negro como color de contraste para que resalte y destaque.

Colores en equipos eléctricos de máquinas y herramientas

En los equipos eléctricos de las máquinas y herramientas se suelen utilizar los colores para evitar confusiones a la hora de interpretar y elegir los elementos de su funcionamiento. En este aspecto hay que destacar que para **botones pulsadores** se utilizan los siguientes colores en función de utilidad:

- **Rojo.** Los pulsadores de color rojo serán los que se utilicen para realizar paradas normales o paradas de emergencia de la máquina o herramienta.
- **Amarillo.** Los pulsadores de puesta en marcha de un servicio no habitual o para realizar operaciones destinadas a eliminar las condiciones peligrosas, serán de color amarillo.
- **Verde.** Se utiliza en botones para la puesta en marcha normal de las máquinas o herramientas.

En el caso de **lámparas** o **diodos** se utilizarán los siguientes colores:

- **Rojo.** Para expresar una situación anormal que precise intervención inmediata.
- **Amarillo.** El amarillo, en este caso, se utiliza para llamar la atención o advertir de un posible riesgo.
- **Verde.** Indica que la máquina está preparada.
- **Blanco.** Se utiliza para informar de que la máquina está en funcionamiento, siendo este normal.

 Sabía que...

Los diodos son también llamados vulgarmente chivatos.

Colores de señalización para conducciones

En muchos casos el técnico de mantenimiento de instalaciones solares fotovoltaicas se va a encontrar con instalaciones donde aparecen tuberías para la conducción de determinados fluidos. Por ello, es necesario que tenga clara su identificación mediante los colores correspondientes.

 Nota

El color identificativo debe aparecer pintado en forma de anillo sobre la tubería y dicho anillo ha de tener una anchura mínima igual al diámetro de la tubería.

En este caso, el color se utiliza para poder identificar el **tipo de fluido** que circula por cada conducción. Así pues:

- El color **marrón** se utiliza para conducciones de aceite.
- El color **naranja** se utiliza para conducciones de ácidos.
- El color **azul** se utiliza en conducciones de aire.
- El color **verde** indica que en el interior de la tubería circula agua.
- El color **amarillo** se utiliza en el caso de gases.

 Importante

El sentido de circulación del fluido vendrá identificado sobre la tubería por una franja blanca o negra con una punta de flecha que indicará el sentido correspondiente.

7.2. Tipos de señales de seguridad

Existen distintos tipos de señales. Se puede realizar clasificación de las señales en función de la **forma de transmitirlas:**

- **Señal luminosa.** Se trata de una señal emitida por medio de un dispositivo formado por materiales transparentes o translúcidos, iluminados desde atrás y desde el interior, de tal manera que aparezca por sí misma como una superficie luminosa.
- **Señal acústica.** Es una señal sonora codificada, emitida y difundida por medio de un dispositivo apropiado, sin intervención de voz humana o sintética.
- **Comunicación verbal.** Se trata de una señal en forma de mensaje verbal, emitido a través de la voz humana o de una voz sintética. Estos mensajes están predeterminados.
- **Señal gestual.** Consiste en un movimiento o disposición de los brazos o de las manos en forma codificada para guiar a las personas que estén realizando maniobras que constituyan un riesgo o peligro para los trabajadores.

- **Señal olfativa.** Se trata de señales que se emiten a través de un olor característico que el trabajador podrá identificar rápidamente con su significado.
- **Señal táctil.** Incluso pueden existir señales que se transmiten a través del tacto.

En una segunda clasificación, las señales se pueden dividir en función de **lo que transmiten:**

- **Señal de prohibición.** Esta señal prohíbe un comportamiento susceptible de provocar un peligro.
- **Señal de advertencia.** Advierte de un riesgo o de un peligro.
- **Señal de obligación.** Obliga a un comportamiento determinado.
- **Señal de salvamento o de socorro.** Proporciona indicaciones relativas a las salidas de socorro, a primeros auxilios o a dispositivos de salvamento.
- **Señal indicativa.** Es una señal que proporciona alguna otra información distinta.

 Nota

Las señales en forma de panel son señales que combinan una forma geométrica con colores y un símbolo o pictograma, proporcionando así una determinada información cuya visibilidad está asegurada por una iluminación de suficiente intensidad. Junto a ellas puede aparecer una señal indicativa, que proporcionará información adicional complementaria.

A continuación se procederá a describir los tipos de señales atendiendo a este último criterio, es decir, a lo que transmiten.

Señales de prohibición

Su forma es circular. El fondo es blanco y sobre él aparece un pictograma de color negro. Tienen un borde rojo, al igual que una banda transversal descendente de izquierda a derecha que atraviesa el pictograma a 45° respecto a la horizontal. El color rojo debe cubrir al menos el 35 % de la superficie de la señal.

PROHIBIDO FUMAR

PROHIBIDO FUMAR Y ENCENDER FUEGO

PROHIBIDO PASAR A LOS PEATONES

PROHIBIDO APAGAR CON AGUA

ENTRADA PROHIBIDA A PERSONAS NO AUTORIZADAS

AGUA NO POTABLE

PROHIBIDO A LOS VEHÍCULOS DE MANUTENCIÓN

NO TOCAR

 Definición

Símbolo o pictograma
Imagen que describe una situación u obliga a un comportamiento determinado, utilizada sobre una señal en forma de panel o sobre una superficie luminosa.

Señales de advertencia

Su forma es triangular. El fondo es amarillo (el color amarillo debe cubrir al menos el 50 % de la superficie de la señal) y sobre él aparece un pictograma de color negro. Tienen los bordes negros.

| VEHÍCULOS DE MANUTENCIÓN | RIESGO ELÉCTRICO | PELIGRO EN GENERAL | RADIACIONES LÁSER | CARGAS SUSPENDIDAS | RADIACIONES NO IONIZANTES |

| CAMPOS MAGNÉTICOS INTENSOS | RIESGO DE TROPEZAR | CAÍDA A DISTINTO NIVEL | RIESGO BIOLÓGICO | BAJA TEMPERATURA | MATERIAS RADIACTIVAS |

 Nota

Existe una excepción, en el caso de señales sobre materias nocivas o irritantes, el color de fondo será naranja.

Señales de obligación

Su forma es circular. El fondo es azul y sobre él aparece un pictograma de color blanco. El color azul debe cubrir al menos el 50 % de la superficie de la señal.

| PROTECCIÓN DE LA VISTA | PROTECCIÓN DE LA CABEZA | PROTECCIÓN DEL OÍDO | PROTECCIÓN VÍAS RESPIRATORIAS | PROTECCIÓN DE LOS PIES | PROTECCIÓN DE LAS MANOS |

| PROTECCIÓN DEL CUERPO | PROTECCIÓN DE LA CARA | PROTECCIÓN INDIVIDUAL CONTRA CAÍDAS | VÍA OBLIGATORIA PARA PEATONES | OBLIGACIÓN GENERAL (ACOMPAÑADA, SI PROCEDE, DE UNA SEÑAL ADICIONAL) |

Señales de salvamento o socorro

Su forma puede ser rectangular o cuadrada. El fondo es verde y sobre él aparece un pictograma de color blanco. El color verde debe cubrir como mínimo el 50 % de la superficie de la señal.

 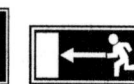

TELÉFONO DE SALVAMENTO

DIRECCIÓN QUE DEBE SEGUIRSE (SEÑAL INDICATIVA ADICIONAL A LAS SIGUIENTES)

VÍAS/ SALIDAS DE SOCORRO (SITUAR SOBRE LA SALIDA)

| PRIMEROS AUXILIOS | CAMILLA | DUCHA DE SEGURIDAD | LAVADO DE OJOS |

Señales relativas a los equipos de lucha contra incendios

Su forma puede ser rectangular o cuadrada. El fondo es rojo y sobre él aparece un pictograma de color blanco. El color rojo debe cubrir como mínimo el 50 % de la superficie de la señal.

MANGUERA PARA INCENDIOS

ESCALERA DE MANO

EXTINTOR

TELÉFONO PARA LA LUCHA CONTRA INCENDIOS

DIRECCIÓN QUE DEBE SEGUIRSE
(SEÑAL INDICATIVA ADICIONAL A LAS ANTERIORES)

8. Normativa de aplicación

En cuanto a prevención de riesgos laborales existe una normativa general de aplicación a cualquier ámbito de trabajo que es necesario conocer y tener presente en todo momento. Asimismo, existen normas específicas que tendrán su aplicación en unos puestos de trabajo u otros en función de la actividad desarrollada. La normativa de aplicación en puestos de trabajo relativos al mantenimiento de instalaciones solares fotovoltaicas puede ser muy extensa. A continuación se destaca la normativa de principal aplicación por su gran importancia en este campo:

- La Ley de Prevención de Riesgos Laborales, de aplicación general a cualquier tipo de trabajo, viene establecida en la **Ley 31/1995,** de 8 de noviembre.

- La **Ley 54/2003,** de 12 de diciembre, es la reforma del marco normativo de la prevención de riesgos laborales.
- Es de destacar también el **Real Decreto 39/1997,** de 17 de enero, por el que se aprueba el Reglamento de los Servicios de Prevención.
- El **Real Decreto 486/1997,** de 14 de abril, establece las disposiciones mínimas de seguridad y salud en los lugares de trabajo.
- En las ocasiones en las que sea necesario realizar operaciones de manipulación de cargas de forma manual será necesario seguir las instrucciones establecidas en el **Real Decreto 487/1997,** de 14 de abril, sobre disposiciones mínimas de seguridad y salud relativas a la manipulación manual de cargas que entrañe riesgos, en particular dorsolumbares, para los trabajadores.
- En cualquier trabajo en el que se puedan utilizar, por ejemplo, máquinas o herramientas que emitan ruido, habrá que aplicar y tener presente lo establecido por el **Real Decreto 286/2006,** de 10 de marzo, sobre la protección de la salud y la seguridad de los trabajadores contra los riesgos relacionados con la exposición al ruido.
- Por otro lado, será necesario que los equipos de protección individual que sea necesario utilizar cumplan una serie de requisitos. Por ello, es importante conocer el **Real Decreto 1407/1992,** de 20 de noviembre, por el que se regulan las condiciones para la comercialización y libre circulación intracomunitaria de los equipos de protección individual.
- En muchas ocasiones es fundamental que exista una señalización apropiada en la zona de trabajo. Para ello, habrá que aplicar y conocer lo recogido en el **Reglamento 2016/425** del Parlamento Europeo y del Consejo, de 9 de marzo de 2016, relativo a los equipos de protección individual.
- Otro aspecto de especial importancia siempre es la forma de tratar los residuos generados en cualquier actividad. Para ello, el trabajador habrá de tener en cuenta la **Ley 7/2022,** de 8 de abril, de residuos y suelos contaminados para una economía circular.

Aquí se ha destacado únicamente alguna de la normativa de aplicación más usual y general. Sin embargo, esto no quiere decir que no sea de obligado cumplimiento cualquier otra normativa aplicable a cada trabajo concreto.

9. Resumen

Hay que tomar conciencia de la importancia de la prevención de riesgos laborales en la realización de cualquier trabajo. Es fundamental el conocimiento de todos los aspectos relacionados con el tema para así conseguir un trabajo seguro.

El primer paso es la elaboración de un Plan de seguridad correcto y el conocimiento por parte de todos los trabajadores de los riesgos profesionales de su actividad concreta y de las medidas a tomar para prevenir dichos riesgos. Dentro de estas medidas, es muy importante el conocimiento de los equipos de protección individual a usar en cada caso, su forma de utilización, conservación, etc., para que estos desempeñen sus funciones correctamente.

Igualmente importante es la protección del medioambiente. En este aspecto destaca, por ejemplo, el trato que ha de darse a cada residuo en función de sus características.

Por otro lado, es necesario que exista un Plan de emergencia adecuado y conocido por todos para que se actúe de forma correcta en caso de que surja alguna situación de emergencia y esta sea controlada lo antes posible.

La señalización viene establecida por normativa y ha de ser conocida por todos para que sea efectiva. Es una forma de comunicación primordial.

La normativa ha de ser respetada en todo momento para evitar los riesgos en la medida de lo posible.

Ejercicios de repaso y autoevaluación

1. **Indique si las siguientes afirmaciones son verdaderas o falsas.**

   a. La Ley de Prevención de Riesgos Laborales recoge la necesidad de implantar y aplicar un Plan de prevención de riesgos laborales para conseguir el objetivo de integrar la prevención de riesgos laborales en el sistema general de gestión de la empresa.

   ☐ Verdadero
   ☐ Falso

   b. Una vez que se realiza el Plan de prevención, será válido para siempre, sin necesidad de ser actualizado en ningún momento.

   ☐ Verdadero
   ☐ Falso

   c. La evaluación de riesgos es obligación del trabajador.

   ☐ Verdadero
   ☐ Falso

2. **Indique cinco documentos básicos que el empresario debe elaborar y conservar a disposición de la autoridad laboral.**

   _____
   _____
   _____
   _____
   _____
   _____

3. **Complete el siguiente texto con la/s palabra/s adecuada/s.**

La implantación de un correcto sistema de_____ contribuye a la_____ de los accidentes laborales y de las _____profesionales, aumentando a su vez la productividad, _____los costes y mejorando la _____del trabajo.

4. **¿Qué acciones preventivas se deben llevar a cabo para mejorar la seguridad ante el peligro de caídas al mismo nivel en superficies resbaladizas o con obstáculos?**

_____
_____
_____
_____

5. **¿Cómo se ha de actuar sobre el trabajador para evitar los riesgos vinculados a una determinada actividad laboral?**

_____
_____
_____
_____

6. **Defina los equipos de protección individual de categoría 1.**

_____
_____
_____
_____

7. **Complete las siguientes oraciones con la palabra/s adecuada/s.**

a. La concienciación social a nivel medioambiental va_____año tras año.

b. La _____se define como el empleo de un producto usado para el mismo fin para el que fue diseñado originariamente.

c. El _____ se puede definir como la transformación de los residuos, dentro de un proceso de producción, para su fin inicial o para otros fines.

8. **Relacione cada ley con lo que establece.**

   a. Ley 7/2022, de 8 de abril.
   b. Ley 31/1995, de 8 de noviembre.

   ___ Es necesario implantar y aplicar un Plan de prevención de riesgos laborales para conseguir el objetivo de integrar la prevención de riesgos laborales en el sistema general de gestión de la empresa.
   ___ El poseedor de los residuos está obligado a mantenerlos en condiciones adecuadas de higiene y seguridad.
   ___ Está totalmente prohibido el abandono, vertido o eliminación incontrolada de residuos en todo el territorio nacional.

9. **Indique si las siguientes afirmaciones son verdaderas o falsas.**

   a. Para que las situaciones de emergencia se resuelvan de una manera correcta y rápida es necesario disponer de los elementos de seguridad adecuados y que el personal sepa actuar correctamente.

      ☐ Verdadero
      ☐ Falso

   b. El Plan de emergencia es el documento que recoge todas las actuaciones a llevar a cabo por el personal en caso de que surja una situación de emergencia.

      ☐ Verdadero
      ☐ Falso

   c. Los pasillos y las puertas son vías de evacuación verticales.

      ☐ Verdadero
      ☐ Falso

10. ¿Qué significa la siguiente señal de seguridad? (Tenga en cuenta que su fondo es azul y el pictograma es blanco).

_____

_____

_____

_____

Capítulo 2
Mantenimiento preventivo de instalaciones solares fotovoltaicas

Contenido

1. Introducción
2. Consideraciones previas. Ventajas e inconvenientes del mantenimiento preventivo
3. Métodos y técnicas usadas en la localización de averías en instalaciones aisladas y conectadas a red
4. Procedimientos y operaciones para la toma de medidas
5. Comprobación y ajuste de los parámetros a los valores de consigna (radiaciones, temperaturas, parámetros de magnitudes eléctricas, etc.)
6. Programas de mantenimiento de instalaciones fotovoltaicas
7. Averías críticas más comunes
8. Normativa de aplicación en el mantenimiento de instalaciones fotovoltaicas
9. Programa de mantenimiento preventivo
10. Programa de gestión energética
11. Evaluación de rendimientos
12. Operaciones mecánicas en el mantenimiento de instalaciones
13. Operaciones eléctricas de mantenimiento de circuitos eléctricos
14. Equipos y herramientas usuales
15. Procedimientos de limpieza de captadores, acumuladores y demás elementos de las instalaciones
16. Resumen

1. Introducción

En general, hay que destacar que el mantenimiento necesario en instalaciones de energía solar fotovoltaica es mínimo y además tienen una larga vida útil de funcionamiento.

En primer lugar, es importante tener claro que se entiende por mantenimiento: "El conjunto de actuaciones necesarias para asegurar el funcionamiento de una instalación en las condiciones de uso para las que ha sido diseñada, con las mejores condiciones de rendimiento energético alcanzables, garantizando la seguridad de servicio y la defensa del medioambiente, durante su periodo de uso".

Hay que tener presente que el objetivo del mantenimiento sea este del tipo que sea, es mantener en funcionamiento el sistema.

2. Consideraciones previas. Ventajas e inconvenientes del mantenimiento preventivo

El mantenimiento de tipo preventivo es muy aconsejable, pero la elección de un tipo de mantenimiento u otro dependerá de cada caso concreto. Para poder tomar la decisión adecuada y entender el mantenimiento preventivo es necesario conocer sus ventajas e inconvenientes.

Entre sus **ventajas** se pueden destacar las que se especifican a continuación:

- Permite conocer el estado de las condiciones de funcionamiento de los equipos y esto posibilita que dichos equipos operen en mejores condiciones de seguridad.
- Supone una disminución del tiempo de parada del equipo y puede realizarse dicha parada en el momento menos molesto ya que puede establecerse y decidirse de forma que entorpezca lo menos posible puesto que son paradas programadas.
- Permite que los equipos e instalaciones tengan una vida útil más larga gracias al mantenimiento correcto y periódico al que están sometidos.

- Permite minimizar el número de existencias necesarias en almacén, facilitando la forma de hacer una previsión mejor y más exacta de los recambios y de los recursos necesarios. Esto conlleva una disminución de los costes ya que será posible establecer con mayor exactitud los repuestos que se necesita consumir con mayor y menor frecuencia.
- Permite y, de hecho, es lo ideal y es aconsejable realizar una programación de las actividades del personal encargado de mantenimiento. Esto conlleva la ventaja de que es posible realizar una mejor distribución de la carga de trabajo.
- Supone una bajada del coste de las reparaciones, puesto que las averías de un equipo sometido a un buen mantenimiento son menos importantes y frecuentes.

No todo son ventajas en el mantenimiento preventivo. También tiene sus **inconvenientes,** los principales son los que se especifican a continuación:

- Pueden hacerse cambios innecesarios de componentes que aún están en buen estado. Por ejemplo, pueden cambiarse componentes que han agotado su vida teórica aunque su estado real sea correcto y pueden no verse otros componentes que sí se encuentren en mal estado.
- No se conoce el estado real de los componentes hasta que están desmontados.
- Si no se hace un correcto análisis de las necesidades de mantenimiento, el coste en inventarios puede elevarse sin que suponga una mejora del servicio prestado.
- Es necesaria una inversión inicial en infraestructura y mano de obra.

 Importante

Es imprescindible llevar a cabo operaciones de mantenimiento para conseguir el correcto funcionamiento de la instalación, aumentar su fiabilidad y seguridad y alargar su vida útil.

3. Métodos y técnicas usadas en la localización de averías en instalaciones aisladas y conectadas a red

Realmente, cuando se habla de mantenimiento preventivo no se trata de localizar la avería para proceder a su reparación, sino que se trata de una forma de mantenimiento para evitar que se produzca la avería.

Lo que sí es adecuado es el conocimiento de los elementos que pueden averiarse con mayor frecuencia para detenerse más en dichos elementos durante el mantenimiento preventivo.

El mantenimiento preventivo es un tipo de mantenimiento proactivo, es decir, es un tipo de mantenimiento que se lleva a cabo antes de que se produzca una avería o un fallo en el sistema o equipo.

Importante

El objetivo principal del mantenimiento preventivo es evitar que se produzcan averías o fallos en la instalación o en cualquier elemento de la misma.

Precisamente el mantenimiento preventivo surgió para reducir las intervenciones de mantenimiento correctivo y sus consecuencias e inconvenientes. Por tanto, el mantenimiento preventivo pretende reducir las reparaciones mediante una rutina de inspecciones periódicas y la renovación de los elementos que se detecte que están dañados durante esas inspecciones u operaciones de mantenimiento.

Nota

La realización de un correcto mantenimiento preventivo nunca conseguirá eliminar por completo el mantenimiento correctivo.

Entonces, como el mantenimiento preventivo se efectúa para prever fallos en función de los parámetros de diseño y de las condiciones de trabajo supuestas, es imprescindible el conocimiento del equipo o del sistema para establecer las tareas a realizar para llevar a cabo el buen mantenimiento preventivo de la instalación.

El mantenimiento preventivo abarca tanto operaciones de inspección visual como de verificación de actuaciones, entre otras, para conseguir el mantenimiento de la instalación dentro de los límites establecidos como aceptables en las condiciones de funcionamiento de la misma de acuerdo a sus prestaciones, consiguiendo una protección correcta y una durabilidad adecuada de la instalación.

 Importante

El mantenimiento preventivo de una instalación solar fotovoltaica ha de ser realizado por personal técnico especializado.

3.1. Periocidad de las revisiones en diferentes tipos de instalaciones fotovoltaicas

Cuando se habla de mantenimiento preventivo, se habla de la revisión de la instalación de acuerdo a su configuración y potencia.

A continuación se presentan unas pautas generales donde se indica la **periodicidad** con la que se deben llevar a cabo estas revisiones en función del tipo de instalación:

- Si se trata de una instalación solar fotovoltaica aislada con potencia pico o nominal menor o igual a 750 W, el mantenimiento preventivo se debe llevar a cabo al menos una vez al año, es decir, cada doce meses.
- Si se trata de una instalación solar fotovoltaica aislada con potencia pico o nominal mayor de 750 W, el mantenimiento preventivo se debe llevar a cabo al menos cada seis meses.
- Si se trata de una instalación solar fotovoltaica aislada con apoyo eólico, sea cual sea, el mantenimiento preventivo se debe realizar cada seis meses como mínimo.
- Si se trata de una instalación solar fotovoltaica conectada a la red general de distribución con potencia pico o nominal menor o igual a 5 kW, el mantenimiento preventivo se debe realizar al menos cada doce meses, una vez al año.
- Si se trata de una instalación solar fotovoltaica conectada a la red general de distribución con potencia pico o nominal mayor de 5 kW, el mantenimiento preventivo se debe realizar al menos cada seis meses.

TABLA RESUMEN DE LAS REVISIONES DE CADA TIPO DE INSTALACIÓN

CADA 6 MESES	CADA 12 MESES
Instalación solar fotovoltaica aislada con potencia pico o nominal mayor de 750 W	Instalación solar fotovoltaica aislada con potencia pico o nominal menor o igual a 750 W
Instalación solar fotovoltaica aislada con apoyo eólico	
Instalación solar fotovoltaica conectada a la red general de distribución con potencia pico o nominal mayor de 5 kW	Instalación solar fotovoltaica conectada a la red general de distribución con potencia pico o nominal menor o igual a 5 kW

4. Procedimientos y operaciones para la toma de medidas

El mantenimiento preventivo se realiza transcurrido un tiempo desde la puesta en marcha de la instalación, puesto que a medida que la instalación va funcionando, se produce un consumo de los recursos que hace que vayan perdiéndose capacidades en el desempeño de las funciones de la instalación.

Las instalaciones están diseñadas para unos parámetros de funcionamiento con unos valores determinados y con el paso del tiempo, estos valores pueden ir cambiando y desviándose. La misión del mantenimiento preventivo es restablecer dichos valores para conseguir un funcionamiento correcto de la instalación y alargar así su vida útil. Por ello, el primer paso es la medición de estos parámetros, para así poder estimar y decidir los ajustes o medidas a tomar y llevar a cabo.

 Importante

Para llevar a cabo un mantenimiento preventivo correcto, es necesario tener presente los valores de los parámetros de funcionamiento.

La toma de medidas es una forma de vigilancia de la instalación a través de la observación de los parámetros principales de funcionamiento y así poder verificar el correcto funcionamiento de la instalación.

4.1. Normativa aplicable para llevar a cabo las tareas de medida

Para llevar a cabo las tareas de medida, se pueden seguir los procedimientos y criterios descritos en las siguientes normas:

- UNE-EN IEC 60904-3:2019. Dispositivos fotovoltaicos. Parte 3: Fundamentos de medida de dispositivos solares fotovoltaicos (FV) de uso terrestre con datos de irradiancia espectral de referencia. (Ratificada por AENOR en septiembre de 2019.)
- UNE-EN 60904-2:2015. Dispositivos fotovoltaicos. Parte 2: Requisitos de dispositivos solares de referencia.
- UNE-EN 60904-8:2015. Dispositivos fotovoltaicos. Parte 8: Medida de la respuesta espectral de un dispositivo fotovoltaico (FV).

- UNE-EN 60904-5:2012. Dispositivos fotovoltaicos. Parte 5: Determinación de la temperatura equivalente de la célula (TCE) de dispositivos fotovoltaicos (FV) por el método de la tensión de circuito abierto.
- UNE-EN IEC 60904-4:2020. Dispositivos fotovoltaicos. Parte 4: Dispositivos solares de referencia. Procedimientos para establecer la trazabilidad de calibración.
- UNE-EN 60904-10:2011. Dispositivos fotovoltaicos. Parte 10: Métodos de medida de la linealidad.
- UNE-EN IEC 60904-7:2020. Dispositivos fotovoltaicos. Parte 7: Cálculo de la corrección por desacoplo espectral para medidas de dispositivos fotovoltaicos.
- UNE-EN 60904-3:2019. Dispositivos fotovoltaicos. Parte 3: Fundamentos de medida de dispositivos solares fotovoltaicos (FV) de uso terrestre con datos de irradiancia espectral de referencia.
- UNE-EN 60904-9:2008. Dispositivos fotovoltaicos. Parte 9: Requisitos de funcionamiento para simuladores solares.
- UNE-EN 60904-8:2015. Dispositivos fotovoltaicos. Parte 2: Requisitos de dispositivos solares de referencia.
- UNE-EN 60904-1:2007. Dispositivos fotovoltaicos. Parte 1: Medida de la característica corriente-tensión de dispositivos fotovoltaicos. (IEC 60904-1:2006).
- UNE-EN 60904-8:2015. Dispositivos fotovoltaicos. Parte 8: Medida de la respuesta espectral de un dispositivo fotovoltaico (FV).
- UNE-EN 61829:2016. Generador fotovoltaico (FV). Medida in situ de las características corriente-tensión.

Dentro de estos parámetros a vigilar se encuentran, por ejemplo, el estado de carga de la batería y la actuación del regulador y del inversor.

 Recuerde

Antes de comenzar cualquier trabajo, el personal encargado de realizar las labores de mantenimiento, deberá prever y tener a mano los equipos que vaya a necesitar durante la realización de estas tareas.

4.2. Instrumentos de medida

Durante el desarrollo de trabajos de mantenimiento preventivo de instalaciones fotovoltaicas es necesaria la utilización de una serie de instrumentos de medida que, dependiendo de qué se pretenda medir en cada momento, serán unos u otros y tendrán unas características determinadas. Estos son los que se van a analizar en el presente epígrafe.

Instrumentos para medir la densidad del electrolito de una batería

Para comprobar el estado de carga de una batería es necesario medir la densidad o gravedad específica del líquido contenido en el acumulador (electrolito). El **densímetro,** también llamado **hidrómetro,** es un instrumento de medida que permite comprobar la densidad del líquido electrolítico de una batería. Cuanto mayor sea la gravedad específica del electrolito, mayor será el estado de carga.

Densímetro con termómetro y flotador interno

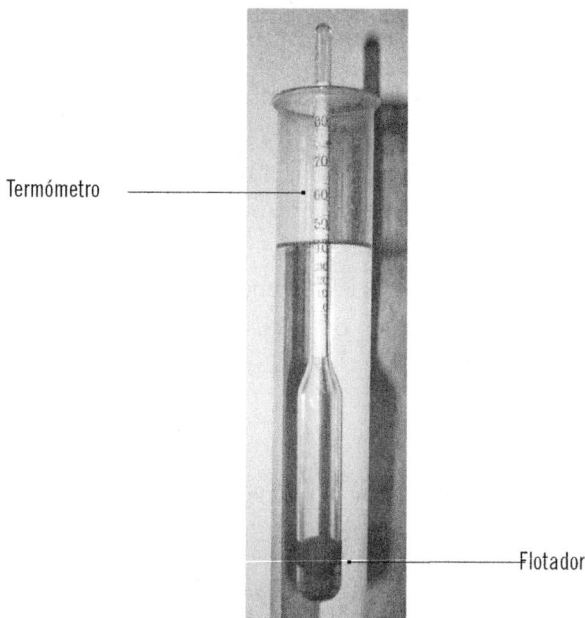

Termómetro

Flotador

Consejo

Lo ideal es utilizar un densímetro para acumuladores estacionarios, para que la medida marcada sea real.

Antes de realizar la medición de la densidad del electrolito, se debe mover suavemente la batería para homogeneizar el líquido. También será necesario dejar en reposo la batería durante una hora para homogeneizar la temperatura del electrolito, ya que esta influye sobre la medida de la densidad.

Instrumentos para medir la tensión eléctrica

La tensión eléctrica en este tipo de instalaciones puede ser medida a través de dos instrumentos: el **voltímetro** y el **multímetro** o **polímetro.** Seguidamente se detallarán los tipos y peculiaridades de cada uno de ellos.

Voltímetro

El voltímetro sirve para medir la diferencia de potencial entre dos puntos de un circuito eléctrico cerrado.

Definición

Voltímetro
Instrumento que proporciona el valor directo de la tensión que se aplica entre sus bornes de entrada.

En función de su **configuración,** se pueden distinguir dos tipos de voltímetros en general:

- **Voltímetro galvanométrico o de bobina móvil.** Se utiliza en aplicaciones con corriente continua. No obstante, existen modelos que pueden separar la corriente continua de la alterna y las miden de forma independiente.
- **Voltímetro electrónico.** Se utiliza en aplicaciones con corriente alterna.

En función del **modo en que dan la lectura,** se clasifican en:

- **Voltímetro analógico.** Consta de un indicador y una escala, al igual que el amperímetro analógico. Y su funcionamiento consiste en que el indicador se mueve hasta el valor de la escala que ha medido el instrumento.

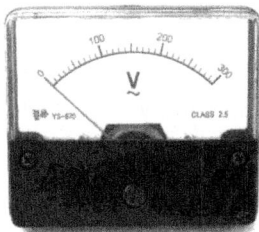

- **Voltímetro digital.** Sus características son similares a las del amperímetro digital, posee un conversor analógico-digital, de forma que el valor es mostrado mediante un valor numérico en una pantalla.

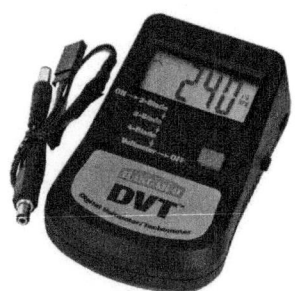

Multímetro o polímetro

El **multímetro,** también llamado **polímetro,** es un instrumento que permite verificar si el funcionamiento de un circuito eléctrico es o no correcto. Es un instrumento de medición muy utilizado para todo tipo de trabajos de electricidad y electrónica.

El multímetro actualmente es un instrumento que tiene un uso muy extendido debido a las amplias posibilidades que ofrece. Tiene su escala adaptada a varias variables eléctricas, de forma que ofrece la posibilidad de medir distintos parámetros eléctricos y magnitudes con un único instrumento.

 Nota

En función del modelo de multímetro o polímetro, este permitirá la medición de unos parámetros o de otros. Se puede afirmar que si se tiene un multímetro, se tienen varios aparatos de medición en uno.

Dependiendo de las características de cada modelo, se pueden medir valores de:

- Carga.
- Capacidad.
- Resistencia.
- Intensidad.
- Tensión alterna y continua.
- Potencia.
- Incluso pueden permitir realizar tests de conductividad de pistas y cables.

Nota

Los más comunes miden intensidad, tensión y resistencia.

También existen multímetros más avanzados, que incluyen funciones para generar y detectar la frecuencia intermedia de un aparato, con un circuito amplificador con altavoz para ayudar en la sintonía de circuitos, etc.

Por tanto, un multímetro es un instrumento que incluye un selector y que, según en la posición en que este se encuentre, permite medir diferentes variables, funcionando así como voltímetro, amperímetro, etc. También tienen un conmutador alterna-continua (AC/DC), que permite seleccionar una u otra opción en función del tipo de las características de la instalación o del elemento donde se va a realizar la medición.

Además de poder clasificar los multímetros en función de las variables que permiten medir, se puede hacer otra clasificación en función del modo en que proporcionan la **lectura de la medición:**

▪ **Multímetro analógico.** Consta de un indicador y una escala. Su funcionamiento se basa en el movimiento del indicador hacia el valor de la escala que ha medido el instrumento.

▪ Multímetro digital. Posee un conversor analógico-digital, de forma que el valor es mostrado mediante un valor numérico en una pantalla. Estos son más precisos puesto que la medición que se muestra en pantalla es exacta.

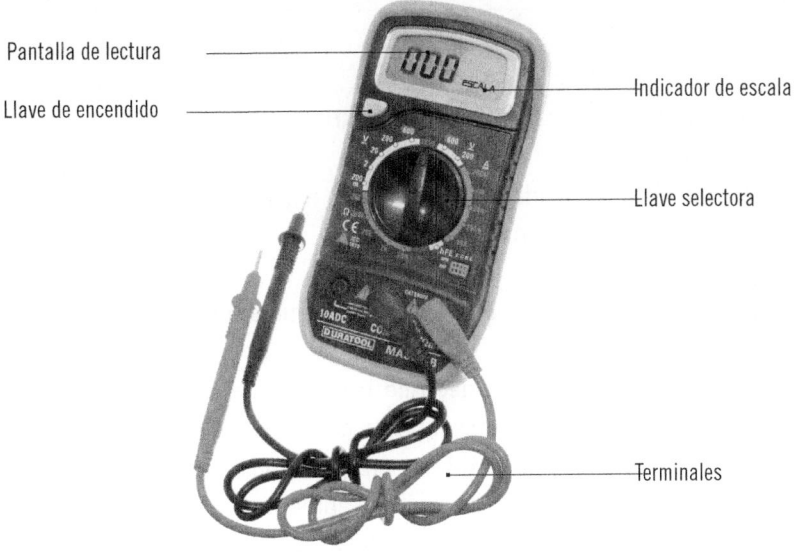

Pantalla de lectura

Llave de encendido

Indicador de escala

Llave selectora

Terminales

La medición de la tensión eléctrica se realiza conectando en paralelo la entrada del instrumento, que se utilice para su medición, con los puntos entre los cuales se quiere medir dicha tensión. Se debe conseguir que el instrumento de medición no consuma corriente alguna del circuito para que no se alteren los valores obtenidos. Por ello, mientras mayor sea el valor de la resistencia interna del instrumento, menor alteración se producirá en el circuito. Como los instrumentos digitales tienen unos valores de resistencia interna muy altos, estos obtienen valores de tensión más exactos.

Consejo

Para la medición de tensiones con mayor exactitud se recomienda utilizar el multímetro digital en lugar del analógico.

Instrumentos para medir la intensidad eléctrica

Para medir la intensidad de la corriente eléctrica se suele utilizar un instrumento de medida llamado **amperímetro.**

Existen diversos tipos según sea su **configuración:**

- **Amperímetro magnetoeléctrico o de bobina móvil.** Las características físicas de los elementos que lo componen son limitadas, por lo que únicamente se podrá utilizar para pequeñas intensidades de hasta unos 100 mA. Sin embargo, es posible aumentar la escala de valores a medir colocando resistencias en derivación. Este tipo de amperímetro es adecuado para aplicaciones en corriente continua. Si se quiere utilizar para corriente alterna, habrá que añadir un rectificador o cambiar un selector de posición si lo incluye.
- **Amperímetro electromagnético.** Puede realizar la medida de intensidades entre 0,5 y 300 A. Se puede utilizar tanto para corriente continua como alterna, con la única salvedad de que si es corriente alterna, la frecuencia ha de ser inferior a 500 Hz.
- **Amperímetro electrodinámico.** Los amperímetros electrodinámicos están constituidos por dos bobinas, una fija y una móvil. Estos dispositivos pueden medir la intensidad que pasa por dichas bobinas, ambas conectadas en serie, a partir del equilibrado del par de la bobina móvil que resulta del campo magnético procedente de la bobina fija, con el par de un muelle espiral. El rango de valores varía entre 0,5 A y 100 A.

Se puede realizar otra clasificación, utilizando como criterio de clasificación el modo en que el instrumento da la lectura:

■ **Amperímetro analógico.** Consta de un indicador y una escala. Su funcionamiento se basa en el movimiento del indicador hacia el valor de la escala que coincide con la medida realizada por el instrumento.

■ **Amperímetro digital.** Posee un conversor analógico-digital, de forma que el valor es mostrado mediante un valor numérico en una pantalla.

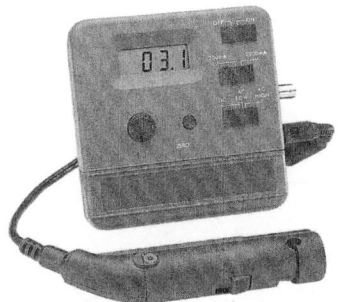

Existe un tipo especial de amperímetro denominado **pinza amperimétrica.** Esta posee un sensor (con forma de pinza), que abraza el cable cuya intensidad de corriente se desea medir.

Este instrumento mide, de forma indirecta, la corriente circulante por un conductor a partir del campo magnético que dicha circulación de corriente general.

La ventaja que presenta esta pinza radica en que no es necesario abrir el circuito para colocar el amperímetro y medir la intensidad de corriente. Además, la utilización de la pinza amperimétrica es muy segura, puesto que no es necesario el contacto eléctrico con el circuito.

Por otro lado, hay que destacar que el **multímetro** también se puede utilizar para realizar la medición de la intensidad de la corriente eléctrica y, de este modo, con un único instrumento se cubrirá la medición de distintas variables.

La medición de la intensidad eléctrica se realiza conectando en serie la entrada del instrumento de medición con los puntos entre los cuales se quiere medir dicha intensidad de corriente. Por tanto, en este caso, los instrumentos de medición con resistencias internas menores serán los que faciliten unos valores más exactos.

 Consejo

Cuando se trate de valores de intensidad de corriente eléctrica bajos, es mejor utilizar un multímetro analógico que uno digital porque toma las medidas con menor error.

Instrumentos para medir la potencia eléctrica

Otro parámetro a medir durante el mantenimiento preventivo de la instalación, para asegurar que su funcionamiento es correcto, es la potencia eléctrica. Para ello será necesario utilizar un **vatímetro.**

En función de su **configuración,** se distinguen dos tipos principales de vatímetro:

- **Vatímetro electrodinámico.** Se compone de dos bobinas fijas (bobinas de corriente) y una móvil (bobina de potencial).
- **Vatímetro electrónico.** Se utiliza para la toma de medidas de potencia directas y pequeñas. También se utiliza en aplicaciones donde la medida de potencia ha de hacerse a frecuencias mayores.

Por supuesto, los vatímetros se pueden clasificar también en **analógicos** y **digitales,** según el **modo en que dan la lectura,** como en el caso de los instrumentos vistos anteriormente.

Instrumentos para medir la resistencia eléctrica

Para medir la resistencia eléctrica hay que utilizar un **ohmímetro** u **óhmetro** o un **puente de *Wheatstone.***

El funcionamiento del ohmímetro u óhmetro se basa en la Ley de Ohm, que afirma que la resistencia es inversamente proporcional a la intensidad de la corriente que atraviesa un circuito, siempre que la tensión se suponga constante. La escala del óhmetro estará calibrada en ohmios, que es la unidad de la resistencia eléctrica. El sistema de funcionamiento básico de un óhmetro consta de una batería pequeña, que aplica un voltaje a la resistencia, para medir después la corriente que circula a través de la resistencia utilizando para ello un galvanómetro. Sin embargo, existen otros ohmímetros de mayor precisión para aplicaciones donde la precisión sea un factor importante y sea necesaria la utilización de un ohmímetro de estas características.

 Nota

La ecuación matemática de la Ley de Ohm es:

$$I = \frac{V}{R}$$

El puente de *Wheatstone* se compone de cuatro resistencias formando un circuito cerrado, de forma que una de estas será la resistencia cuyo valor se desea medir. La medición se realiza buscando el equilibrio de los brazos del puente.

Esquema del circuito eléctrico del Puente de Wheatstone

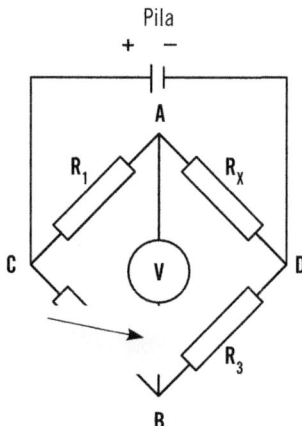

Aplicación práctica

Imagínese que ha de realizar un trabajo sobre una instalación que posee elementos eléctricos donde, por sus características, sabe inicialmente que va a necesitar medir la intensidad de corriente, la tensión y la resistencia en determinados puntos para poder hacer su trabajo correctamente, ¿cuál cree que sería el instrumento que no le debe faltar antes de comenzar dicho trabajo?

SOLUCIÓN

Lo ideal es que tuviera un multímetro o polímetro, con las características adecuadas (es decir, que mida al menos intensidad, tensión y resistencia) preparado porque así con un único instrumento cubriría todas sus necesidades. Sin embargo, también sería correcto si dispone de un amperímetro, un voltímetro y un ohmímetro u óhmetro.

Instrumentos para medir la frecuencia

Para medir la frecuencia será necesario disponer del instrumento adecuado, un **frecuencímetro.**

 Definición

Frecuencia
Es el número de ciclos por segundo de una onda o señal alterna.

Existen diversos tipos de frecuencímetros, pero el más utilizado es el digital, ya que suele contar con características muy notables respecto a resolución y exactitud en la lectura.

*El frecuencímetro digital es el más
utilizado para medir frecuencia.*

Instrumentos para medir la radiación solar

La medida de la radiación solar se suele realizar mediante un **piranómetro** o mediante una **célula calibrada** o un **módulo calibrado** de características tecnológicas equivalentes a las de los elementos de la instalación.

Sabía que...

La Organización Meteorológica Mundial (OMM) es la que fija las normas que establecen la precisión de los instrumentos que se utilizan para la medición de la radiación solar.

A continuación, la explicación se centrará en los instrumentos más comunes para la medición de la radiación solar: los **radiómetros.**

Definición

Radiómetro
Instrumento que detecta y mide la intensidad de la radiación solar.

Clasificación de los radiómetros según el tipo de radiación

Existen varias clases de radiómetros en función de la radiación que miden la radiación global, la radiación difusa y la radiación directo.

Radiación global

Esta se mide normalmente sobre una superficie horizontal utilizando un **piranómetro,** también llamado **solarímetro** o **actinómetro.** Este instrumento permite medir la radiación solar global difusa o directa que se recibe en todas las direcciones.

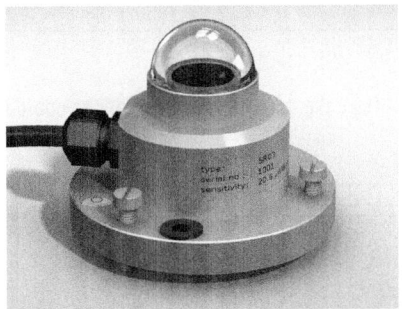

La radiación solar se mide a través de un piranómetro.

El principio físico utilizado generalmente en la medida es un termopar sobre el que incide la radiación a través de dos cúpulas semiesféricas de vidrio, cuya función principal es filtrar la radiación infrarroja procedente de la atmósfera y la radiación de onda corta procedente del sol, evitando que alcance al receptor. Unas placas pintadas de blanco y de negro actúan como sensores o termopilas (las placas negras se calientan más que las blancas debido a que absorben más radiación solar). Este calor fluye atravesando los sensores hacia el cuerpo del piranómetro, proporcionando una señal eléctrica proporcional a la radiación incidente. Hay que destacar que las cúpulas también funcionan como aislantes, evitando el enfriamiento causado por el viento y el efecto de la contaminación atmosférica sobre los sensores, y protectores de la termopila frente a la convección.

 Definición

Termopar

Es un sensor formado por la unión de dos metales distintos que produce un voltaje (efecto Seebeck), que es función de la diferencia de temperatura entre uno de los extremos denominado "punto caliente" o unión caliente o de medida y el otro denominado "punto frío" o unión fría o de referencia.

 Nota

Las placas negras se calientan más que las blancas debido a que absorben más radiación solar.

Existe una gran cantidad de piranómetros que poseen detectores basados en fotocélulas. Dichos dispositivos tienen una respuesta prácticamente instantánea o inmediata cuando se producen variaciones bruscas de la radiación solar. Además son ligeros y suponen un coste bajo. Sin embargo, aunque se utilizan con mucha frecuencia en la evaluación de sistemas solares fotovoltaicos, solo son capaces de captar el 60 % de la radiación solar incidente.

Radiación difusa

La radiación difusa se mide sobre una superficie horizontal con la ayuda de un piranómetro o de un albedómetro.

Definición

Radiación difusa
Es la radiación solar procedente de la dispersión de los rayos solares por los constituyentes atmosféricos.

Los **piranómetros** utilizados para la medición de la radiación difusa incorporan un sistema, que consiste en un disco o una banda parasol que evita que la componente directa de la radiación solar incida sobre el sensor.

Piranómetro con disco parasol

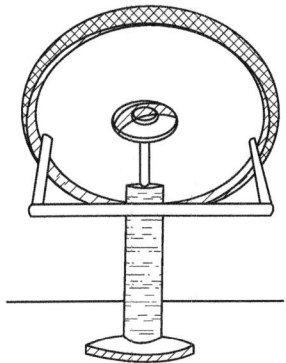

Este disco puede ser móvil: dotado de un movimiento ecuatorial, en el que la sombra se proyecta permanentemente sobre la superficie sensible del piranómetro; o la banda parasol puede ser desplazada manualmente a lo largo del año.

Debido a la geometría del disco parasol del piranómetro, parte de la radiación difusa procedente de los alrededores resultará también bloqueada. Por ello, es necesario aplicar un factor de corrección a las medidas tomadas, pero la determinación de dicho factor es algo compleja porque se realiza combinando consideraciones teóricas y aproximaciones empíricas.

La posición del parasol debe verificarse todos los días, teniendo en cuenta la declinación solar.

El **albedómetro** está constituido por dos piranómetros iguales contrapuestos (uno orientado hacia arriba y otro hacia abajo).

Dos piranómetros iguales y contrapuestos forman un albedómetro.

 Nota

Los dos piranómetros que constituyen un albedómetro han de tener la misma sensibilidad.

El que está orientado hacia arriba mide la radiación global (directa + difusa) que incide sobre el terreno y el que está orientado hacia abajo mide la radiación global reflejada por el terreno.

 Definición

Albedo
Relación que existe entre la radiación reflejada por una superficie y la radiación global incidente sobre la misma.

Con un albedómetro es posible calcular la radiación neta obtenida. Simplemente habrá que restarle la radiación global reflejada a la radiación global incidente.

Radiación directa

Esta última se mide sobre una superficie normal a los rayos solares gracias a la utilización de un instrumento denominado **pirheliómetro.**

Los pirheliómetros miden la radiación solar en función de la concentración de un punto de luz creado por una esfera de cristal sobre una superficie marcada con una escala convencional. Como sensor se utiliza una placa negra, cuya temperatura, que se mide con un sistema de termopar, varía con la radiación solar directa que llega a la placa. Consiste en un tubo largo con una ranura circular por la cual penetra el rayo de sol, proyectándose en el otro extremo, donde se encuentra el receptor, la imagen del disco solar y un anillo de cielo que rodea a este.

El tubo debe permanecer siempre normal a los rayos solares. Por ello, el pirheliómetro debe estar situado sobre un dispositivo automático de seguimiento solar de gran precisión. Este dispositivo es activado eléctricamente o por un mecanismo de relojería, que hace que el movimiento de rotación del pirheliómetro se produzca a velocidad constante, siguiendo el movimiento del sol.

Sin embargo, este sistema de medida presenta un gran **inconveniente:** es necesario que el eje de rotación sea ajustado a diario a medida que cambia la declinación del sol, necesitando supervisión continua por parte de personal cualificado.

Estos instrumentos de medida suelen estar conectados a una unidad de control auxiliar para poder determinar la potencia que es recibida desde el sol.

Aspectos a tener en cuenta en el uso de instrumentos de medida de la radiación solar

Sea cual sea el método utilizado, el piranómetro, la célula o el módulo solar han de ir montados en el mismo plano que los módulos de la instalación, a la altura del perfil superior del sistema, de forma que no se proyecten sombras sobre el propio módulo. Además, han de estar bien ventilados por aire ambiente.

Los instrumentos de medición de la radiación solar deben ubicarse siempre en un lugar donde se pueda ver continuamente el sol, desde que amanece hasta que anochece durante todo el año.

Estos instrumentos siempre han de ir fijados a un soporte adecuado, normalmente suele ser un techo plano por ejemplo, y siempre cerca de la instalación de teleindicadores y/o instrumentos registradores de los datos. Estos últimos elementos deben ir instalados bajo techo para impedir que les afecten las variaciones climatológicas.

 Importante

Hay que cuidar que el lugar donde se vaya a captar la radiación solar, para su medida, esté alejado de cualquier fuente de contaminación y radiación distinta a la solar para evitar que los resultados sean falseados.

Por otro lado, es de destacar que el cableado debe ir protegido contra la radiación solar directa y contra la radiación electromagnética mediante una malla exterior.

En instalaciones con instrumentos de teleindicación de la radiación solar, basados en principios termoeléctricos, es recomendable utilizar cables blindados con dispositivos de puesta a tierra en ambos extremos.

Recuerde

El cableado utilizado debe estar protegido contra la radiación solar directa y contra la radiación solar electromagnética.

5. Comprobación y ajuste de los parámetros a los valores de consigna (radiaciones, temperaturas, parámetros de magnitudes eléctricas, etc.)

Una vez tomadas las medidas pertinentes, será necesario realizar las comprobaciones adecuadas para estimar si estos valores son correctos o no, y así proceder a los ajustes necesarios para asegurar el correcto funcionamiento de la instalación.

Nota

La comprobación de los parámetros es la forma de verificar el funcionamiento de la instalación.

Simplemente se trata de hacer un seguimiento de estos parámetros y comprobar si sus valores se ajustan a los de diseño, comprobándolo en el proyecto correspondiente a la instalación y comparando los valores también con las indicaciones del fabricante.

Estas indicaciones suelen estar recogidas en el manual de uso y mantenimiento, que debe contener instrucciones de seguridad y de manejo y maniobra de la instalación, así como los programas de funcionamiento, mantenimiento preventivo y gestión energética. La persona encargada de este mantenimiento deberá hacer las comprobaciones pertinentes basándose en ese programa de funcionamiento, donde se recogerán los principales parámetros a ajustar y comprobar en función de la instalación concreta de la que se trate y de sus características técnicas específicas.

Por tanto, el ajuste se refiere a la adecuación de estos valores a los del proyecto dentro de los márgenes admisibles de tolerancia, particularizando para las características específicas de cada sistema o instalación.

A continuación, se intentarán dar algunas pautas generales de actuación en este sentido:

- Si existe algún fallo, habrá que proceder como se indique en las instrucciones del fabricante de cada elemento.
- Si existen desviaciones en cuanto a radiación y temperatura, puede existir algún defecto o avería en los paneles solares, o puede que hayan cambiado las condiciones que rodean a la instalación y que de ahí se deriven estas desviaciones. En este último caso, habrá que ajustar la instalación a los nuevos requerimientos. Por ejemplo, si existen nuevos elementos alrededor que dan sombra sobre las células solares, habrá que adecuar la posición de los paneles a dichos elementos si no es posible eliminarlos.
- Si existen desviaciones en cuanto a parámetros eléctricos, como la caída de tensión, hay que localizar de dónde viene el problema y si existe algún elemento estropeado, habrá que proceder a su reparación o cambio.

Para llevar a cabo las tareas de comprobación y ajuste de los parámetros de valores de consigna, se pueden emplear los procedimientos y criterios descritos en las siguientes normas:

- UNE-EN 60891:2010. Dispositivos fotovoltaicos. Procedimiento de corrección con la temperatura y la irradiancia de la característica I-V de dispositivos fotovoltaicos.
- UNE-EN 61194:1997. Parámetros característicos de los sistemas fotovoltaicos (FV) autónomos.

Importante

Todas las pruebas, actuaciones y controles realizados durante las pruebas de comprobación y las tareas de ajuste deberían quedar adecuadamente anotados en el registro previsto, con los resultados obtenidos, e incorporados al resto de la documentación de la instalación.

6. Programas de mantenimiento de instalaciones fotovoltaicas

Los **programas de mantenimiento** están basados en grupos de tareas y acciones que se ejecutan teniendo en cuenta una serie de recursos materiales, humanos y financieros. A través de la correcta distribución de estos recursos se consigue la reducción de los costes, de los tiempos de parada, etc.

 Importante

La elaboración de un programa de mantenimiento adecuado a cada instalación es fundamental para que el mantenimiento sea un éxito y cumpla sus objetivos.

Los programas de mantenimiento y los registros previstos al respecto son muy interesantes, puesto que permiten que terceras personas puedan comprobar en un momento determinado que se mantienen las prestaciones previstas en cada instalación. Es una manera de garantizar la instalación y corroborar que su funcionamiento es correcto.

El mantenimiento lo debe realizar una persona o empresa autorizada, que será la responsable de elaborar y diseñar el programa de mantenimiento de la instalación y de llevar a cabo los procedimientos correspondientes en cuanto a la compilación de la información generada y su control.

6.1. Manuales

Cada instalación solar fotovoltaica está formada por una serie de componentes individuales. Cada uno de estos componentes tendrá unas características diferentes, requerirá unos cuidados distintos y tendrá una vida útil diferente también. El fabricante de cada componente tiene la obligación de definir todas estas características a través de los ensayos realizados y facilitarlos al usuario a través del llamado **Manual de uso y mantenimiento.**

Por tanto, para diseñar y elaborar el programa de mantenimiento de una instalación solar fotovoltaica de forma adecuada, será necesario tener en cuenta las necesidades, en cuanto a mantenimiento se refiere, de cada uno de sus componentes o elementos. Entonces, a la hora de realizar el programa de mantenimiento de una instalación habrá que unificar en él las distintas operaciones y periodos necesarios para realizar las tareas de mantenimiento en todos los elementos que componga la instalación, siguiendo y respetando en todo momento los manuales de uso y mantenimiento facilitados por el/los fabricante/s.

6.2. Proyectos

Para realizar el programa de mantenimiento de una instalación solar fotovoltaica es imprescindible el conocimiento y análisis del proyecto de la instalación.

El proyecto de una instalación solar fotovoltaica contiene toda la información respecto a la composición de la instalación, el montaje, las características, etc. Por ello, es necesario conocer y comprender el proyecto para poder elaborar un programa de mantenimiento adecuado, puesto que ahí se encontrarán numerosas claves que condicionarán el funcionamiento y el mantenimiento de la instalación.

Recuerde

Los manuales de uso y mantenimiento facilitan información acerca de cada equipo o elemento y el proyecto contiene las especificaciones del conjunto de la instalación.

7. Averías críticas más comunes

A nivel general, los defectos más comunes que se pueden encontrar durante las tareas de mantenimiento preventivo pueden ser:

- Conexiones flojas.
- Cables deteriorados.
- Contactos de la batería estropeados.
- Panel fotovoltaico dañado.
- Contactos oxidados.
- Piezas de unión sueltas.
- Disminución de la generación de energía, que puede ser debido a que actualmente dé más sombra sobre los paneles que cuando se montó la instalación.

Hay que destacar que en este epígrafe simplemente se pretende dar una visión muy general, puesto que más adelante se extenderán más las explicaciones sobre las distintas operaciones a realizar ante las "averías" detectadas.

7.1. Causas y soluciones

Se analizarán las causas y las soluciones de los casos expuestos anteriores de forma general:

- **Conexiones flojas.** El paso del tiempo puede provocar que las conexiones se aflojen debido a las circunstancias que van sucediendo y al uso que se le da a la instalación. La solución es simplemente el apriete de dichas conexiones mediante las herramientas adecuadas. En caso de que la conexión se haya aflojado debido a un deterioro de la misma, habrá que sustituir los elementos necesarios para restablecer sus características iniciales.

- **Cables deteriorados.** Las condiciones meteorológicas a las que están expuestos los cables, sobre todo la acción de la radiación ultravioleta, pueden producir el deterioro de los cables y conductores. Este deterioro puede incluso afectar a la seguridad y al funcionamiento de la instalación. En ese caso, lo que hay que hacer es cambiar esos conductores por unos nuevos con las características adecuadas para soportar al máximo las condiciones a las que estarán expuestos.

- **Contactos de la batería estropeados.** Estos pueden deteriorarse debido a la acción del paso del tiempo o de las condiciones meteorológicas, así como de su utilización. Simplemente bastará con repararlos, ajustarlos, limpiarlos, engrasarlos y sustituirlos en caso necesario.

- **Panel fotovoltaico dañado.** Los paneles están sometidos a la acción de las condiciones meteorológicas. Ejemplo: Una granizada puede producir una fuerza sobre ellos que consiga estropearlos, deformarlos o dañar su funcionamiento. En este caso será necesario hacer las sustituciones oportunas.

- **Contactos oxidados.** El óxido suele producirse, sobre todo, al estar a la intemperie. Habrá que eliminar dicho óxido y proteger las superficies para evitar que se vuelva a producir.

- **Piezas de unión sueltas.** El paso del tiempo, el uso y las fuerzas ejercidas sobre las distintas partes de la instalación (por ejemplo, la fuerza ejercida por el viento), pueden provocar que los tornillos y otras uniones que dan firmeza a las estructuras se aflojen, pudiendo incluso suponer un peligro. En este caso lo único que hay que hacer es apretar las uniones con las herramientas adecuadas para darles firmeza. En caso de que falte algún elemento de la unión o este esté deteriorado y de ahí venga el problema, simplemente serán sustituidos dichos elementos.

- **Disminución de la generación de energía.** Cuando se detecte que ha disminuido la generación de energía debido a alguna sombra adicional, que ha aparecido con posterioridad a la instalación e incide sobre los paneles solares, hay que buscar el origen. El origen puede venir de árboles que hayan crecido, nuevas construcciones cercanas, etc. En estos casos, habrá que podar los árboles o modificar la posición de los captadores solares para sacarle mayor rentabilidad a la instalación, haciendo el estudio adecuado.

Recuerde

El mantenimiento preventivo está destinado también a la detección de una posible disminución en la generación de energía, para poder actuar cuanto antes y continuar haciendo rentable la instalación.

8. Normativa de aplicación en el mantenimiento de instalaciones fotovoltaicas

En el presente epígrafe se dará una idea general sobre la normativa de aplicación para el desarrollo de las tareas de mantenimiento de una instalación solar fotovoltaica.

Importante

Se ha de conocer y tener presente en todo momento la normativa de aplicación a las instalaciones solares fotovoltaicas y al trabajo que se realice sobre ellas, puesto que habrá que cumplirla siempre durante la realización de su mantenimiento.

La normativa de aplicación es muy extensa, por lo que se va a recoger la normativa principal de forma general.

En primer lugar, se puede decir que una instalación solar fotovoltaica está compuesta por dos tipos de sistemas:

1. Planta solar.
2. Sistemas complementarios para la monitorización, soporte y ayuda a la explotación.

Cada una de estas partes se regirá por una normativa diferente. Dentro de la normativa de plantas solares se pueden destacar las normas AENOR (Asociación Española de Normalización y Certificación), así como las recomendaciones del IDAE (Instituto para la Diversificación y Ahorro de la Energía).

A continuación, se analizará de forma general la normativa más relevante:

- El Real Decreto 1699/2011, de 18 de noviembre, sobre conexión de instalaciones fotovoltaicas a la red de baja tensión. Este Real Decreto, por ejemplo, indica que el funcionamiento de las instalaciones fotovoltaicas no podrá dar origen a condiciones peligrosas para el personal de mantenimiento y explotación (se establece un interruptor automático diferencial como protección para evitar que las personas sufran riesgo en caso de derivación de algún elemento de la parte continua de la instalación). Está compuesto por los siguientes capítulos y artículos:

  - Capítulo I. Ámbito de aplicación y definiciones.

    - Artículo 1. Ámbito de aplicación.
    - Artículo 2. Definiciones.

  - Capítulo II. Conexión de las instalaciones fotovoltaicas a la red de baja tensión.

    - Artículo 3. Solicitud.
    - Artículo 4. Determinación de las condiciones técnicas de la conexión.
    - Artículo 5. Celebración del contrato.
    - Artículo 6. Conexión a la red y primera verificación.
    - Artículo 7. Obligaciones del titular de la instalación.

  - Capítulo III. Condiciones técnicas de las instalaciones fotovoltaicas conectadas a la red en baja tensión. Este capítulo es el más interesante respecto al mantenimiento de la instalación.

    - Artículo 8. Condiciones técnicas de carácter general.
    - Artículo 9. Condiciones específicas de interconexión.

ı Artículo 10. Medidas y facturación.

ı Artículo 11. Protecciones.

ı Artículo 12. Condiciones de puesta a tierra de las instalaciones fotovoltaicas.

ı Artículo 13. Armónicos y compatibilidad electromagnética.

- El Reglamento Electrotécnico para Baja Tensión (REBT), que tiene por objeto establecer las condiciones técnicas y las garantías que deben reunir las instalaciones eléctricas conectadas a una fuente de suministro de baja tensión, con las siguientes finalidades: preservar la seguridad de las personas y los bienes; asegurar el normal funcionamiento de dichas instalaciones; y contribuir a la fiabilidad técnica y a la eficiencia económica de las instalaciones.

- El Reglamento sobre Condiciones Técnicas y Garantías de Seguridad en Centrales Eléctricas, Subestaciones y Centros de Transformación. Este reglamento habrá de ser respetado en caso de que la conexión se realice en media tensión. Las compañías distribuidoras tienen normas regionales específicas para la conexión a la red de instalaciones fotovoltaicas. Por tanto, deberán ser consultadas según la localización geográfica de la instalación para conocerlas y respetarlas.

- Ley 24/2013, de 26 de diciembre, del Sector Eléctrico. Está conformada por ochenta artículos y se estructura en diez títulos, veinte disposiciones adicionales, dieciséis disposiciones transitorias, una disposición derogatoria, y seis disposiciones finales. En el título IV se regula la producción de energía eléctrica.

- El CTE (Código Técnico de la Edificación). En su artículo 15 establece una serie de exigencias básicas de ahorro de energía, concretamente la Exigencia Básica HE 5 está referida a la contribución fotovoltaica mínima de energía eléctrica.

- Las recomendaciones del IDAE que establece en su pliego para instalaciones aisladas. Establece, por ejemplo, que la instalación fotovoltaica ha de contar con un sistema adecuado de protección frente a contactos directos, por tanto, habrá de vigilarse que esta protección funcione o actúe adecuadamente.

- Los procedimientos y criterios descritos en normas UNE (Una Norma Española) como las siguientes:

- UNE-EN 50380:2018. Requisitos de marcado y de documentación para los módulos fotovoltaicos.
- UNE-EN 60891:2010. Dispositivos fotovoltaicos. Procedimiento de corrección con la temperatura y la irradiancia de la característica I-V de dispositivos fotovoltaicos.
- UNE-EN 60904-1:2007. Dispositivos fotovoltaicos. Parte 1: Medida de la característica corriente-tensión de dispositivos fotovoltaicos. (IEC 60904-1:2006).
- UNE-EN 60904-2:2015. Dispositivos fotovoltaicos. Parte 2: Requisitos de dispositivos solares de referencia.
- UNE-EN IEC 60904-3:2019 Dispositivos fotovoltaicos. Parte 3: Fundamentos de medida de dispositivos solares fotovoltaicos (FV) de uso terrestre con datos de irradiancia espectral de referencia.
- UNE-EN IEC 60904-4:2020. Dispositivos fotovoltaicos. Parte 4: Dispositivos solares de referencia. Procedimientos para establecer la trazabilidad de calibración.
- UNE-EN 60904-5:2012. Dispositivos fotovoltaicos. Parte 5: Determinación de la temperatura equivalente de la célula (TCE) de dispositivos fotovoltaicos (FV) por el método de la tensión de circuito abierto.
- UNE-EN 60904-7:2020. Dispositivos fotovoltaicos. Parte 7: Cálculo de la corrección por desacoplo espectral para medidas de dispositivos fotovoltaicos.
- UNE-EN 60904-8:2015. Dispositivos fotovoltaicos. Parte 8: Medida de la respuesta espectral de un dispositivo fotovoltaico (FV).
- UNE-EN 60904-9:2008. Dispositivos fotovoltaicos. Parte 9: Requisitos de funcionamiento para simuladores solares.
- UNE-EN 60904-10:2011. Dispositivos fotovoltaicos. Parte 10: Métodos de medida de la linealidad.
- UNE-EN 61194:1997. Parámetros característicos de los sistemas fotovoltaicos (FV) autónomos.
- UNE-EN 61215-1-1:2016. Módulos fotovoltaicos (FV) para uso terrestre. Cualificación del diseño y homologación. Parte 1-1: Requisitos especiales de ensayo para los módulos fotovoltaicos (FV) de silicio cristalino.
- UNE-EN 61277:2000. Sistemas fotovoltaicos (FV) terrestres generadores de potencia. Generalidades y guía.
- UNE-EN 61683:2001. Sistemas fotovoltaicos. Acondicionadores de potencia. Procedimiento para la medida del rendimiento.

- UNE-EN IEC 61701:2021. Módulos fotovoltaicos (FV). Ensayo de corrosión por niebla salina.
- UNE-EN 61702:2000. Evaluación de sistemas de bombeo fotovoltaico (FV) de acoplo directo.
- UNE-EN 61724-1:2017. Rendimiento del sistema fotovoltaico. Parte 1: Monitorización (Ratificada por AENOR en junio de 2018.)
- UNE-EN 61725:1998. Expresión analítica para los perfiles solares diarios.
- UNE-EN 61829:2016. Generador fotovoltaico (FV). Medida in situ de las características corriente-tensión.
- UNE-EN 61215-2:2017. Módulos fotovoltaicos (FV) para uso terrestre. Cualificación del diseño y homologación. Parte 2: Procedimientos de ensayo.
- UNE-EN 61215-1-4:2017. Módulos fotovoltaicos (FV) para uso terrestre. Cualificación del diseño y homologación. Parte 1-4: Requisitos especiales de ensayo para módulos fotovoltaicos (FV) de lámina delgada basados en Cu(In,GA)(S,Se)2.
- UNE-EN 61215-1-2:2017. Módulos fotovoltaicos (FV) para uso terrestre. Cualificación del diseño y homologación. Parte 1-2: Requisitos especiales de ensayo para los módulos fotovoltaicos (FV) de lámina delgada de telururo de cadmio (CdTe).
- UNE-EN 61215-1-3:2017. Módulos fotovoltaicos (FV) para uso terrestre. Cualificación del diseño y homologación. Parte 1-3: Requisitos especiales de ensayo para módulos fotovoltaicos (FV) de lámina delgada basados en silicio amorfo.

8.1. Normativa REBT

A continuación, se analizará con mayor profundidad, debido a su gran importancia de cara a la aplicación a estas instalaciones, el Reglamento Electrotécnico para Baja Tensión.

 **Nota**

La entrada en vigor de este Reglamento fue el día 18 de septiembre de 2003, pero era posible aplicarlo de forma voluntaria desde el 18 de septiembre de 2002.

El REBT se estructura en tres partes fundamentales:

1. Real Decreto.
2. Articulado del Reglamento de Baja Tensión.
3. Instrucciones Técnicas Complementarias.

Se analizarán cada una de estas partes por separado.

Real Decreto

El Real Decreto 842/2002, de 2 de agosto, por el que se aprueba el Reglamento Electrotécnico para Baja Tensión, se compone de los siguientes apartados:

- Introducción y justificación.
- Artículo único. Aprobación del Reglamento electrotécnico para baja tensión.
- Cuatro disposiciones adicionales:

  - Disposición adicional primera. Cobertura de seguro u otra garantía equivalente suscrito en otro Estado.
  - Disposición adicional segunda. Aceptación de documentos de otros Estados miembros a efectos de acreditación del cumplimiento de requisitos.
  - Disposición adicional tercera. Modelo de declaración responsable.
  - Disposición adicional cuarta. Obligaciones en materia de información y reclamaciones.

■ Tres disposiciones transitorias:

▮ Disposición transitoria primera. Carnets profesionales.
▮ Disposición transitoria segunda. Entidades de formación.
▮ Disposición transitoria tercera. Instalaciones en fase de tramitación en la fecha de entrada en vigor del Reglamento.

■ Disposición derogatoria única. Derogación normativa.
■ Disposiciones finales.

▮ Disposición final primera. Habilitación normativa.
▮ Disposición final segunda. Habilitación al Ministro de Ciencia y Tecnología.
▮ Disposición final tercera. Entrada en vigor.

Articulado del Reglamento de Baja Tensión

El REBT está dividido en 29 artículos. Estos artículos pretenden describir: el objetivo, el campo de aplicación, el alcance y las características fundamentales del Reglamento.

Dichos artículos son los siguientes:

Artículo 1. Objeto

Establece el objeto del REBT.

Artículo 2. Campo de aplicación

Determina el campo de aplicación del REBT.

Artículo 3. Instalación eléctrica

Define el concepto de instalación eléctrica.

Artículo 4. Clasificación de las tensiones. Frecuencia de las redes

Hace una clasificación de las instalaciones en función del valor de su tensión nominal y establece un valor de frecuencia normalmente empleado.

Artículo 5. Perturbaciones en las redes

Establece que las instalaciones de baja tensión, que puedan producir perturbaciones, deben estar dotadas de los dispositivos protectores adecuados.

Artículo 6. Equipos y materiales

Establece algunos cumplimientos referentes a los equipos y materiales utilizados en las instalaciones.

Artículo 7. Coincidencia con otras tensiones

Establece que, para estos casos, se deberá cumplir la reglamentación que regule las instalaciones a dichas tensiones.

Artículo 8. Redes de distribución

Establece los valores que definen las redes de distribución de energía eléctrica y las intensidades de la corriente eléctrica admisibles en los conductores.

Artículo 9. Instalaciones de alumbrado exterior

Define el concepto de instalaciones de alumbrado exterior y algunas condiciones al respecto.

Artículo 10. Tipos de suministro

Hace una clasificación de los suministros a efectos de este Reglamento, dividiéndolos en dos tipos: normales y complementarios.

Artículo 11. Locales de características especiales

Define los locales que se consideran de características especiales.

Artículo 12. Ordenación de cargas

Toda la información debe ser suministrada a la empresa suministradora.

Artículo 13. Reserva de local

Se seguirán las prescripciones recogidas en la reglamentación por la que se regulen las actividades de transporte, distribución, comercialización, suministro y procedimientos de autorización de instalaciones de energía eléctrica.

Artículo 14. Especificaciones particulares de las empresas suministradoras

Recoge que las empresas suministradoras pueden proponer especificaciones sobre la construcción y montaje de acometidas, líneas generales de alimentación, instalaciones de contadores y derivaciones individuales.

Artículo 15. Acometidas e instalaciones de enlace

Facilita la definición de acometida y de instalaciones de enlace, incluyendo algunas de sus características y la responsabilidad de la empresa suministradora al respecto.

Artículo 16. Instalaciones interiores o receptoras

Define las instalaciones interiores o receptoras y algunas de sus características.

Artículo 17. Receptores y puesta a tierra

Aclara que la instalación de los receptores y el sistema de protección por puesta a tierra han de respetar lo dispuesto en las correspondientes instrucciones técnicas complementarias.

Artículo 18. Ejecución y puesta en servicio de las instalaciones

Explica el procedimiento a seguir para la puesta en servicio y utilización de las instalaciones eléctricas y algunas condiciones referentes a ello.

Artículo 19. Información a los usuarios

Deja claro que, además del certificado de instalación, la empresa instaladora debe facilitar al titular de la instalación unas instrucciones para el uso y mantenimiento correcto de la misma, incluyendo un esquema unifilar de la instalación con las características técnicas fundamentales de los equipos y materiales eléctricos instalados y un croquis de su trabado.

Artículo 20. Mantenimiento de las instalaciones

Establece que el titular de la instalación debe mantener en buen estado de funcionamiento la misma y si es necesario realizar alguna modificación, esta deberá ser llevada a cabo por una empresa autorizada.

Artículo 21. Inspecciones

Determina las inspecciones a realizar.

Artículo 22. Empresas instaladoras

Establece que las instalaciones eléctricas de baja tensión se ejecutarán por empresas instaladoras en baja tensión.

Artículo 23. Cumplimiento de las prescripciones

Hace referencia a unas condiciones mínimas obligatorias.

Artículo 24. Excepciones

Cuando sea imposible cumplir determinadas prescripciones establecidas en el REBT, habrá que exponerlo ante el órgano competente de la

Comunidad Autónoma y este lo estudiará para, finalmente, desestimar la solicitud, requerir modificaciones o conceder su autorización.

Artículo 25. Equivalencia de normativa del Espacio Económico Europeo

La Administración pública competente debe aceptar la validez de los certificados y marcas de conformidad a las normas y las actas o los protocolos de ensayos que son exigibles

Artículo 26. Normas de referencia

Las instrucciones técnicas complementarias pueden establecer la aplicación de normas UNE u otras reconocidas internacionalmente.

Artículo 27. Accidentes

Destacar, al respecto, que este artículo establece que se deben poseer los correspondientes datos sistematizados de los accidentes más significativos. Además, la compañía suministradora debe redactar un informe que recoja los aspectos esenciales de cada accidente que se produzca ocasionado daños o víctimas. En este artículo se establecen también los plazos para presentar dichos informes.

Artículo 28. Infracciones y sanciones

Hace referencia a la Ley 21/1992, de 16 de julio, de Industria, donde se establecen las sanciones a las infracciones que se cometan por incumplir el REBT.

Artículo 29. Guía técnica

Este artículo establece que el centro directivo competente en materia de Seguridad Industrial del ministerio competente elaborará y mantendrá actualizada una Guía técnica que podrá establecer aclaraciones a conceptos incluidos en el REBT.

 **Recuerde**

El Reglamento Electrotécnico para Baja Tensión (REBT) consta de 29 artículos.

Instrucciones Técnicas Complementarias

Las instrucciones técnicas complementarias son instrucciones de carácter concreto que desarrollan los 29 artículos citados anteriormente.

En primer lugar, se mostrará una forma de agrupar las 51 ITC[1] puesto que algunas están relacionadas:

- 01 Terminología.
- 02 Normas de referencia.
- 03 Empresa instaladora e Instalador en baja tensión.
- 04 Documentación y puesta en servicio de las instalaciones.
- 05 Verificaciones e inspecciones.
- 06 Redes aéreas.
- 07 Redes subterráneas.
- 08 Sistemas de conexión del neutro y de las masas.
- 09 Instalaciones de alumbrado exterior.
- 10 Previsión de cargas para suministros en baja tensión.
- 11 Redes de distribución de energía eléctrica. Acometidas.
- 12 a 17 Instalaciones de enlace.
- 18 Instalaciones de puesta a tierra.
- 19 a 24 Instalaciones interiores o receptoras.
- 25 a 27 Instalaciones interiores en viviendas.
- 28 a 35 Instalaciones en locales especiales.
- 36 Instalaciones a muy baja tensión.
- 37 Instalaciones a tensiones especiales.
- 38 y 39 Instalaciones con fines especiales.
- 40 Instalaciones generadoras de baja tensión.

---

1 ITC = Instrucción Técnica Complementaria.

- 41 Instalaciones eléctricas en caravanas y parques de caravanas.
- 42 Instalaciones eléctricas en puertos y marinas para barcos de recreo.
- 43 a 48 Instalación de receptores.
- 49 Instalaciones eléctricas de muebles.
- 50 Instalaciones eléctricas en locales que contienen radiadores para saunas.
- 51 Instalaciones de sistemas de automatización, gestión técnica de la energía y seguridad para viviendas y edificios.

 **Recuerde**

El articulado del REBT se desarrolla en 51 instrucciones técnicas complementarias de carácter concreto.

Una vez visto cómo pueden agruparse, se intentará dar una visión muy general y escueta sobre lo que cada una de las instrucciones técnicas complementarias recoge.

ITC-BT-01: Terminología

Se indican las definiciones específicas de términos utilizados a los largo de todas las ITC del REBT. Concretamente define 143 términos.

ITC-BT-02: Normas de referencia en el Reglamento Electrotécnico para Baja Tensión

En esta ITC, se incluye un listado de todas las Normas UNE, EN y CEI que se toman como referencia para el REBT.

 **Nota**

Las normas UNE-EN son la versión oficial en español de las normas europeas.

ITC-BT-03: Empresa instaladora e Instalador en baja tensión

En esta ITC se desarrollan las previsiones del artículo 18 del REBT, estableciendo las condiciones y requisitos para la certificación de la competencia y la habilitación como empresa instaladora en el ámbito de aplicación del REBT.

ITC-BT-04: Documentación y puesta en servicio de las instalaciones

En esta ITC se desarrollan las prescripciones del artículo 18 del REBT, determinando la documentación técnica que deben tener las instalaciones para ser legalmente puestas en servicio, así como su tramitación ante el órgano competente de la Administración.

ITC-BT-05: Verificaciones e inspecciones

En esta ITC se desarrollan las previsiones de los artículos 18 y 20 del REBT, en relación con las verificaciones previas a la puesta en servicio e inspecciones de las instalaciones eléctricas incluidas en su campo de aplicación.

ITC-BT-06: Redes aéreas para distribución en baja tensión

En esta ITC se describen e indican los materiales, sistemas y bases para el cálculo mecánico y eléctrico, y ejecución de la instalación de las redes aéreas para distribución en baja tensión.

ITC-BT-07: Redes subterráneas para distribución en baja tensión

En esta ITC se describen los cables a utilizar así como las pautas a seguir para la ejecución e instalación de las redes subterráneas para distribución en baja tensión. Asimismo, se recogen las intensidades máximas admisibles.

ITC-BT-08: Sistemas de conexión del neutro y de las masas en redes de distribución de energía eléctrica

En esta ITC se describen los sistemas y características de la conexión del neutro y de las masas en redes de distribución de energía eléctrica en baja tensión. El esquema de distribución determina las características de las medidas de protección contra choques eléctricos en caso de defecto (contactos indirectos) y contra sobreintensidades, así como las especificaciones de la aparamenta para tales funciones.

ITC-BT-09: Instalaciones de alumbrado exterior

Esta ITC se aplicará a las instalaciones de alumbrado exterior, en zonas de dominio público o privado, tales como autopistas, carreteras, calles, plazas, parques, jardines, pasos elevados o subterráneos para vehículos o personas, caminos, etc. Igualmente, se incluyen las instalaciones de alumbrado para cabinas telefónicas, anuncios publicitarios, mobiliario urbano en general, monumentos o similares, así como todos los receptores que se conecten a la red de alumbrado exterior. Se excluye la instalación para la iluminación de fuentes y piscinas y las de los semáforos y las balizas, cuando sean completamente autónomos.

ITC-BT-10: Previsión de cargas para suministros en baja tensión

En esta ITC se establecen las cargas mínimas de potencia a prever en los suministros en baja tensión a edificios.

ITC-BT-11: Redes de distribución de energía eléctrica. Acometidas

En esta ITC se describen los sistemas y características de las acometidas a edificios en redes de distribución eléctrica.

ITC-BT-12: Instalaciones de enlace. Esquemas

En esta ITC se describen las partes que constituyen una instalación de enlace de un edificio, así como los distintos esquemas admitidos para realizar dicha instalación.

ITC-BT-13: Instalaciones de enlace. Cajas generales de protección

Esta ITC describe los tipos, características, emplazamiento e instalación de las Cajas Generales de Protección de una instalación de enlace de un edificio y de las cajas de protección y medida.

ITC-BT-14: Instalaciones de enlace. Línea general de alimentación

En esta ITC se describen las características a tener en cuenta en la instalación de la Línea General de Alimentación de una instalación de enlace de un edificio, haciendo especial mención a los tipos de cables a utilizar.

ITC-BT-15: Instalaciones de enlace. Derivaciones individuales

En esta ITC se describen las características, emplazamiento e instalación de las derivaciones individuales de una instalación de enlace de un edificio, haciendo especial mención a los tipos de cables a utilizar.

ITC-BT-16: Instalaciones de enlace. Contadores: ubicación y sistemas de instalación

En esta ITC se describen las características requeridas en cuanto a los contadores y demás dispositivos de medida de la energía eléctrica dentro de una instalación de enlace de un edificio, respecto a su ubicación y colocación y la elección del sistema.

ITC-BT-17: Instalaciones de enlace. Dispositivos generales e individuales de mando y protección. Interruptor de control de potencia

Esta ITC recoge las características y situación de los interruptores generales e individuales de mando y protección, así como del interruptor de control de potencia de una instalación interior en viviendas y locales comerciales o industriales.

ITC-BT-18: Instalación de puesta a tierra

El objetivo de las puestas a tierra es limitar la tensión que, con respecto a tierra, puedan presentar en un momento dado las masas metálicas, asegurar la actuación de las protecciones y eliminar o disminuir el riesgo que supone una avería en los materiales eléctricos utilizados.

Cuando haya que realizar la puesta a tierra de algún elemento o parte de la instalación, habrá que seguir las instrucciones recogidas en esta ITC.

 **Nota**

En relación a los contactos directos e indirectos es aplicable la ITC-BT-18 sobre instalaciones de puesta a tierra.

ITC-BT-19: Instalaciones interiores o receptoras. Prescripciones generales

Las prescripciones de esta ITC se extienden a las instalaciones interiores dentro del campo de aplicación del artículo 2 y con tensión asignada dentro de los márgenes de tensión fijados en el artículo 4 del REBT.

ITC-BT-20: Instalaciones interiores o receptoras. Sistemas de instalación

Indica las condiciones a tener en cuenta en los sistemas de instalación a utilizar en instalaciones interiores.

ITC-BT-21: Instalaciones interiores o receptoras. Tubos y canales protectoras

Indica las características y las condiciones a tener en cuenta en la instalación de tubos protectores y canales protectoras en instalaciones interiores.

ITC-BT-22: Instalaciones interiores o receptoras. Protección contra sobreintensidades

Será de aplicación a las protecciones contra sobreintensidades de las instalaciones interiores.

Recuerde

La ITC-BT-19 recoge las prescripciones generales de las instalaciones interiores.

ITC-BT-23: Instalaciones interiores o receptoras. Protección contra sobretensiones

Esta ITC trata de la protección de las instalaciones eléctricas interiores contra las sobretensiones transitorias que se transmiten por las redes de distribución y que se originan, fundamentalmente, como consecuencia de las descargas atmosféricas, conmutaciones de redes y defectos en las mismas.

Describe las categorías de las sobretensiones, las medidas para el control de las mismas y la selección de los materiales en la instalación.

ITC-BT-24: Instalaciones interiores o receptoras. Protección contra los contactos directos e indirectos

Describe las medidas destinadas a asegurar la protección de las personas y animales domésticos contra los choques eléctricos.

ITC-BT-25: Instalaciones interiores en viviendas. Número de circuitos y características

Describe los circuitos mínimos y sus características en las instalaciones interiores de viviendas.

ITC-BT-26: Instalaciones interiores en viviendas. Prescripciones generales de instalación

Estas prescripciones son aplicables a las instalaciones interiores de las viviendas, así como, en la medida que pueda afectarles, a las de locales comerciales, de oficinas y a las de cualquier otro local destinado a fines análogos, recogiendo aspectos relativos a las tensiones de utilización y esquemas de conexión, tomas de tierra, protección contra contactos indirectos, cuadro general de distribución, conductores y ejecución de las instalaciones.

ITC-BT-27: Instalaciones interiores en viviendas. Locales que contienen una bañera o ducha

Las prescripciones objeto de esta Instrucción son aplicables a las instalaciones interiores de viviendas, así como, en la medida que pueda afectarles, a las de locales comerciales, de oficinas y a las de cualquier otro local destinado a fines análogos que contengan una bañera o una ducha o una ducha prefabricada o una bañera de hidromasaje o aparato para uso análogo.

ITC-BT-28: Instalaciones en locales de pública concurrencia

Tiene por objeto garantizar la correcta instalación y funcionamiento de las instalaciones de servicios de seguridad, en especial aquellas dedicadas al alumbrado que facilite la evacuación segura de las personas o a la iluminación de puntos vitales de los edificios. Se aplica a locales de pública concurrencia, como locales de espectáculos y actividades recreativas, de reunión, de trabajo y para usos sanitarios.

ITC-BT-29: Prescripciones particulares para las instalaciones eléctricas de los locales con riesgo de incendio o explosión

El alcance de esta instrucción, en el marco del REBT, se limita a los equipos e instalaciones eléctricas de baja tensión, en atmósferas potencialmente explosivas. Esta ITC tiene por objeto especificar las reglas esenciales para el diseño, ejecución, explotación, mantenimiento y reparación de las instrucciones eléctricas en emplazamientos en los que existe riesgo de explosión o de incendio debido a la presencia de sustancias inflamables para que dichas instalaciones y sus equipos no puedan ser, dentro de límites razonables, la causa de inflamación de dichas sustancias.

ITC-BT-30: Instalaciones en locales de características especiales

Esta ITC trata de las prescripciones de las instalaciones eléctricas de locales de características especiales, tales como locales húmedos, locales mojados, locales con riesgo de corrosión, locales polvorientos sin riesgo de incendio o explosión, locales a temperatura elevada, locales a muy baja temperatura, locales en los que existan baterías de acumuladores o locales afectos a un servicio eléctrico.

ITC-BT-31: Instalaciones con fines especiales. Piscinas y fuentes

Esta ITC trata de las prescripciones de las instalaciones eléctricas de las piscinas, pediluvios y fuentes ornamentales.

ITC-BT-32: Instalaciones con fines especiales. Máquinas de elevación y transporte

Esta ITC trata de los requisitos particulares de los sistemas de instalación del equipo eléctrico de grúas, aparatos de elevación y transporte y otros equipos similares tales como escaleras mecánicas, cintas transportadoras, puentes rodantes, cabrestantes, andamios eléctricos, etc.

ITC-BT-33: Instalaciones con fines especiales. Instalaciones provisionales y temporales de obras

Esta ITC es de aplicación a las instalaciones temporales destinadas a la construcción de nuevos edificios, a trabajos de reparación, modificación, extensión o demolición de edificios existentes, a trabajos públicos, a trabajos de excavación y a trabajos similares.

ITC-BT-34: Instalaciones con fines especiales. Ferias y stands

Las prescripciones de esta ITC tienen su aplicación en las instalaciones eléctricas temporales de ferias, exposiciones, muestras, *stands,* alumbrados festivos de calles, verbenas y manifestaciones análogas.

 Aplicación práctica

¿A qué instrucción técnica complementaria se dirigiría si desea conocer lo que en el REBT se entiende por "bandeja", es decir, si desea buscar la definición específica de un determinado término?

SOLUCIÓN

Deberá dirigirse a la ITC-BT-01: Terminología. En este caso, se trata del término que define en decimotercero lugar, definiendo bandeja como material de instalación constituido por un perfil, de paredes perforadas o sin perforar, destinado a soportar cables y abierto en su parte superior.

ITC-BT-35: Instalaciones con fines especiales. Establecimientos agrícolas y hortícolas

Se aplica a las instalaciones fijas de los establecimientos agrícolas y hortícolas en los cuales se hallan los animales (tales como cuadras, establos, gallineros, porquerizas, locales para la preparación de piensos de animales, graneros, granjas para el heno, la paja y los fertilizantes) o que estén situados al exterior, estando excluidos los locales habitables.

ITC-BT-36: Instalaciones a muy baja tensión

A los efectos de esta ITC se consideran tres tipos de instalaciones a muy baja tensión:

- Muy Baja Tensión de Seguridad (MBTS).
- Muy Baja Tensión de Protección (MBTP).
- Muy Baja Tensión Funcional (MBTF).

ITC-BT-37: Instalaciones a tensiones especiales

Se aplicará a todas las instalaciones alimentadas con una tensión especial dentro del ámbito de actuación del REBT.

ITC-BT-38: Instalaciones con fines especiales. Requisitos particulares para la instalación eléctrica en quirófanos y salas de intervención

El objeto de esta instrucción es determinar los requisitos particulares para las instalaciones eléctricas en quirófanos y salas de intervención, así como las condiciones de instalación de los receptores utilizados en ellas.

ITC-BT-39: Instalaciones con fines especiales. Cercas eléctricas para ganado

Esta ITC determina los requisitos particulares de las cercas eléctricas para ganado, su alimentador y su instalación.

 Definición

Cerca eléctrica para ganado
Barrera para animales que comprende uno o varios conductores formados por hilos metálicos, barrotes o alambradas.

Continúa en página siguiente >>

<< Viene de página anterior

Alimentador de la cerca eléctrica
Aparato destinado a suministrar regularmente impulsos de tensión a la cerca a la que está conectado.

ITC-BT-40: Instalaciones generadoras de baja tensión

Esta ITC se aplica a las instalaciones generadoras.

 **Definición**

Instalaciones generadoras
Son las destinadas a transformar cualquier tipo de energía no eléctrica en energía eléctrica.

ITC-BT-41: Instalaciones eléctricas en caravanas y parques de caravanas

El objeto de la presente ITC es determinar los requisitos de instalación de las caravanas y los parques de caravanas.

ITC-BT-42: Instalaciones eléctricas en puertos y marinas para barcos de recreo

Estas prescripciones se aplicarán a las instalaciones eléctricas de puertos y marinas, para la alimentación de los barcos de recreo.

 Definición

Puerto marino
Es todo aquel malecón, escollera o pontón flotante apropiado para el fondeo o amarre de barcos de recreo.

Barco de recreo
Unidad flotante utilizada exclusivamente para los deportes y el ocio, tales como barcos, yates, casas flotantes, etc.

ITC-BT-43: Instalaciones de receptores. Prescripciones generales

Establece los requisitos generales de instalación de receptores, en función de su clasificación y de su uso, que estén destinados a ser alimentados por una red de suministro exterior con tensiones que no superen los 440 V en valor eficaz entre fases (254 V entre fase y tierra).

ITC-BT-44: Instalaciones de receptores. Receptores para alumbrado

Esta instrucción se aplica a las instalaciones de receptores para alumbrado (luminarias).

 Definición

Receptor para alumbrado
Equipo o dispositivo que utiliza la energía eléctrica para la iluminación de espacios, interiores o exteriores.

 **Definición**

Aparatos eléctricos de caldeo
Son aquellos que transforman la energía eléctrica en calor.

ITC-BT-45: Instalaciones de receptores. Aparatos de caldeo

El objeto de esta ITC es determinar los requisitos de instalación de los aparatos eléctricos de caldeo.

ITC-BT-46: Instalación de receptores. Cables y folios radiantes en viviendas

Esta ITC se aplica a las instalaciones de cables eléctricos y folios radiantes calefactores a tensiones nominales de 300/500 V, empotrados en los suelos forjados y techos.

ITC-BT-47: Instalaciones de receptores. Motores

El objeto de esta ITC es determinar los requisitos de instalación de los motores y herramientas portátiles de uso exclusivamente profesionales.

 Ejemplo

La ITC-BT-47 ha de tenerse en cuenta cuando se vayan a realizar instalaciones de bombas de agua y de ascensores.

ITC-BT-48: Instalaciones de receptores. Transformadores y autotransformadores. Reactancias y rectificadores. Condensadores

El objeto de esta ITC es determinar los requisitos de instalación de los transformadores, autotransformadores, reactancias, rectificadores y condensadores.

ITC-BT-49: Instalaciones eléctricas en muebles

El objeto de esta ITC es determinar los requisitos de las instalaciones eléctricas en los muebles y elementos de mobiliario. En ella se distinguen dos partes en función de su aplicación:

- **Muebles no destinados a instalares en cuartos de baño,** donde se incluyen muebles de toda clase, incluidos los muebles de despacho, mostradores, expositores, paneles fijos o móviles y análogos.
- **Muebles en cuarto de baño,** donde se incluyen muebles, espejos y elementos de cuarto de baño en locales que contengan una bañera o ducha.

ITC-BT-50: Instalaciones eléctricas en locales que contienen radiadores para saunas

El objeto de esta ITC es determinar los requisitos de instalación de los equipos eléctricos en locales que contienen radiadores para saunas.

ITC-BT-51: Instalaciones de sistemas de automatización, gestión técnica de la energía y seguridad para viviendas y edificios

En esta instrucción se establecen los requisitos específicos de la instalación de los sistemas de automatización, gestión técnica de la energía y seguridad para viviendas y edificios (sistemas domóticos).

ITC-BT-52: Instalaciones con fines especiales, infraestructura para la recarga de vehículos eléctricos

El objeto de esta ITC es el establecimiento de las prescripciones aplicables a las instalaciones para la recarga de vehículos eléctricos.

 Definición

Sistema domótico
Sistema que es capaz de recoger información proveniente de unos sensores o entradas, procesarla y emitir órdenes a unos actuadores o salidas.

 Recuerde

Las redes aéreas para distribución en baja tensión se describen en la ITC-BT-06 y las redes subterráneas para distribución en baja tensión se describen en la ITC-BT-07.

 Aplicación práctica

Imagínese que va a realizar un trabajo que consiste en la instalación de la iluminación de la feria de su barrio, ¿qué instrucción técnica complementaria del REBT deberá analizar con detenimiento para realizarla correctamente?

SOLUCIÓN

La ITC-BT-34: Instalaciones con fines especiales. Ferias y stands.

9. Programa de mantenimiento preventivo

El programa de mantenimiento preventivo se basa en la ejecución de unas tareas y acciones determinadas de mantenimiento cada cierto tiempo. Este tiempo debe ser estimado de forma que sea lo suficientemente corto para que el sistema o equipo trabaje aún libre de fallos, pero no puede ser excesivamente reducido debido al incremento económico y no rentable que supondría. Precisamente la mayor dificultad a la hora de realizar el programa de mantenimiento preventivo es establecer esos tiempos correctamente, consiguiendo evitar que sucedan fallos que no tienen por qué ser secuenciales.

Estos tiempos de intervención vienen fijados o determinados normalmente por el propio fabricante de cada equipo o elemento.

 Nota

Los fabricantes fijan los intervalos de tiempo en los que se debe llevar a cabo el mantenimiento preventivo de cada equipo a partir del análisis de su funcionamiento en laboratorios y bancos de pruebas.

Para realizar el programa de mantenimiento preventivo de una instalación solar fotovoltaica es necesario seguir las pautas establecidas, en cuanto a operaciones y periodos, por los fabricantes de los distintos componentes o elementos en el correspondiente programa de mantenimiento preventivo contenido en el manual de uso y mantenimiento de los mismos.

Definición

Programa de mantenimiento preventivo de una instalación solar fotovoltaica
Conjunto de gamas específicas, revisiones y protocolos adaptados en contenido y frecuencia a los elementos pertenecientes a una instalación solar fotovoltaica concreta.

9.1. Realización de planes preventivos

A la hora de realizar un plan de mantenimiento preventivo de una instalación solar fotovoltaica, en primer lugar, hay que tener en cuenta que las instalaciones solares fotovoltaicas se componen de elementos mecánicos, eléctricos y electrónicos y cada uno de esos elementos independientes, que conforman la instalación en su totalidad, tienen una vida útil diferente.

Definición

Plan de mantenimiento
Consiste en un conjunto de documentos técnicos correspondientes a la instalación sujeta a mantenimiento, incluyendo este:

- Procedimientos de utilización y lógicas de control.
- Procedimientos de mantenimiento recomendados por los fabricantes.
- Inventario de la instalación.
- Fichas técnicas de equipos.
- Formularios o fichas de toma de datos de funcionamiento y de consumos.
- Programa de mantenimiento específico.
- Formato tipo de partes de trabajo o informes de intervenciones.

El diseño de un plan de mantenimiento preventivo ha de ser minucioso y ser ejecutado en su totalidad para que sea eficaz.

Importante

Además de la realización del plan preventivo, es igualmente primordial su completa implantación.

Antes de implantar un plan de mantenimiento preventivo, es necesario determinar los siguientes aspectos:

- ¿Qué debe ser inspeccionado?
- ¿Con qué frecuencia han de ser inspeccionado y evaluados cada uno de esos elementos de la instalación?
- ¿A qué se le debe dar servicio?
- ¿Con qué periodicidad debe realizarse el mantenimiento preventivo?
- ¿A qué componentes se les debe asignar vida útil?
- ¿Cuál debe ser la vida útil y económica de esos componentes?

Estos aspectos son los que aparecerán en el plan de mantenimiento preventivo a seguir.

 Recuerde

No basta con realizar un plan preventivo, lo más importante es su implantación para que este sea efectivo.

Aspectos a tener en cuenta para su implantación

Para llevar a cabo la implantación del sistema de mantenimiento preventivo de forma adecuada habrá que tener en cuenta las siguientes indicaciones:

- La disponibilidad de los equipos.
- Intentar minimizar el coste del mantenimiento, consiguiendo que este sea adecuado.
- Utilizar la mano de obra necesaria.
- Identificar las tareas de mantenimiento más interesantes en cada uno de los equipos. Así se evitará la realización de trabajos innecesarios.
- Será necesario llevar a cabo la recogida y el análisis de la información generada para así poder tomar las decisiones oportunas de manera acertada.
- La gestión de los repuestos y los consumibles ha de ser apropiada.
- La seguridad en el trabajo.
- Las repercusiones en el medioambiente.

Fases en la elaboración

Para configurar un plan de mantenimiento preventivo de una instalación solar fotovoltaica, hay que tener presente en todo momento el objetivo del plan y los documentos que deben integrarlo. Para la elaboración del plan de mantenimiento se pueden seguir las siguientes fases:

1. **Recopilación de información técnica.** Para realizar el plan preventivo adecuado es necesario conocer al completo la instalación, mediante el análisis de la documentación técnica contenida en el proyecto, la información sobre las tareas de montaje llevadas a cabo, la información de cualquier mantenimiento realizado con anterioridad, el histórico de averías en caso de que las haya habido, la documentación facilitada por el fabricante, etc.
2. **Inventario.** Una vez conocida al completo la instalación, se tendrán claros los componentes que la forman y habrá que establecer los componentes o elementos sujetos a mantenimiento. Este inventario debe incluir una descripción técnica, minuciosa y exhaustiva sobre cada equipo, de forma que permita cumplimentar la ficha técnica de cada elemento sujeto a mantenimiento. Las aplicaciones de Gestión de Mantenimiento Asistida por Ordenador (GMAO) facilitan enormemente la realización de inventarios en instalaciones complejas.
3. **Cumplimentación de fichas técnicas.** Paralelamente a la realización del inventario o una vez que este haya finalizado, deben confeccionarse y cumplimentarse unas fichas técnicas específicas de cada elemento o

equipo que componga la instalación con los datos que hayan sido recopilados durante la fase de elaboración del inventario. Cada ficha técnica debe contener al menos la siguiente información:

■ Identificación del equipo en cada sistema y función a la que se destina.
■ Datos y características técnicas de cada elemento.
■ Datos del fabricante.
■ Componentes singulares que configuran el elemento o equipo.
■ Frecuencia de revisión establecida por el fabricante en sus recomendaciones o según los protocolos de mantenimiento que se le apliquen posteriormente.
■ Características del estado en que se encuentra cada elemento.

Se recomienda que las fichas técnicas contengan información facilitada por el fabricante acerca de las necesidades de atención y particularidades de manipulación y de los repuestos recomendados.

4. **Selección de gamas o protocolos.** Cuando se define un plan de mantenimiento preventivo de una instalación concreta, se deben estructurar los programas de tareas y las frecuencias particulares con las que habrá que realizar dichas tareas en cada elemento o equipo de los que está compuesta la instalación.

5. **Adaptación de intervenciones y frecuencias.** Los encargados de diseñar el plan de mantenimiento preventivo deben adoptar las tareas y sus frecuencias a las características y necesidades particulares de la instalación. Asimismo, los planes de mantenimiento preventivo que inicialmente se establezcan deben ser flexibles, puesto que puede ser necesario realizar modificaciones en el mismo para ser adaptado a las necesidades reales de la instalación, a su evolución funcional y energética durante el transcurso de su vida operativa o debido a la introducción de nuevos componentes o determinadas modificaciones en la instalación.

6. **Planteamiento del servicio.** En esta fase se trata de planificar la gestión del mantenimiento, incluyendo los conceptos económicos, permitiendo así realizar un servicio eficiente y una correcta explotación de la instalación. En esta fase habrá que determinar el tiempo necesario para realizar cada operación y la categoría que ha de tener el personal que la realice. Habrá que tener presente también el ma-

terial a necesitar durante las tareas del mantenimiento preventivo. Por ejemplo, el tiempo de ejecución de las tareas de mantenimiento preventivo de una instalación solar fotovoltaica será menor mientras mayor sea la formación y la experiencia del operario, y si se dispone de todo el material necesario para llevar a cabo dichas tareas (herramientas, recambios, etc.) de manera ordenada.

7. **Perfeccionamiento de planes y protocolos.** De forma orientativa, al menos una vez al año deben revisarse los planes de mantenimiento y adecuarlos a las necesidades en función de los resultados obtenidos durante las tareas de mantenimiento (tanto preventivo como correctivo) y vigilancia de la instalación. Este perfeccionamiento continuo del plan de mantenimiento permitirá la optimización a nivel tanto técnico como económico.

Nota

Hay que tener en cuenta que esta adecuación del plan de mantenimiento preventivo debe perseguir, entre otros aspectos, minimizar el consumo energético por parte de los elementos de la instalación.

Aplicación práctica

Imagínese que su superior le hace entrega de un plan preventivo de una instalación solar fotovoltaica para que usted lo lleve a cabo. Dicho plan preventivo incluye la siguiente información: la frecuencia con la que ha de inspeccionarse y evaluarse cada elemento de la instalación, a qué se le debe dar servicio, la periodicidad con la que debe realizarse el mantenimiento preventivo y los componentes a los que se les debe asignar vida útil, ¿cree usted que le falta algún dato importante que debería incluirse también? ¿Cuál/es?

Continúa en página siguiente >>

<< Viene de página anterior

SOLUCIÓN

Sí, lo que debe inspeccionar y cuál debe ser la vida útil y económica de los componentes a los que se les debe asignar vida útil.

---

10. Programa de gestión energética

El manual de uso y mantenimiento de la instalación o de sus elementos debe incluir el programa de gestión energética.

 Definición

Gestión energética
Procedimiento organizado de previsión y control del consumo de energía con el fin de obtener el mayor rendimiento energético posible sin disminuir el nivel de prestaciones de la instalación.

Una vez implantado el programa de gestión energética, es necesario realizar un plan de mantenimiento de dicha gestión energética para conseguir que continúe respetándose y se continúe realizando una buena gestión energética de la instalación.

Este plan persigue determinar las operaciones orientadas al ahorro de energía, reduciendo el consumo energético, y organizar las operaciones a realizar para ello, estableciendo la periodicidad de cada una de ellas.

El programa de gestión energética ha de ser verificado como una de las gamas o protocolos más de intervención habituales durante el proceso de mantenimiento preventivo. Es necesario verificar la idoneidad del programa de gestión energética disponible y actualizarlo o modificarlo si proceder.

Importante

Con frecuencia, la verificación del programa de gestión energética se suele realizar al menos una vez al año.

10.1. Fases de la implantación del programa de gestión energética

La implantación del plan o programa de gestión energética se puede dividir en cinco fases:

1. **Planificación de la gestión.** Se trata de definir la política energética de la empresa, fijar los objetivos dirigidos al ahorro de energía y la eficiencia de forma cuantificable, determinar los presupuestos e inversiones y el plan de formación para llevar a cabo la implantación del programa y del plan de trabajo.
2. **Diagnóstico energético.** Está compuesto por la recogida de datos sobre el consumo energético y del sistema productivo, determinando los equipos de mayor consumo y las medidas de ahorro a tomar.
3. **Plan de actuación.** En esta fase se establecerá el plan para la mejora continua de la eficiencia energética cumpliendo los objetivos establecidos.
4. **Implantación de medidas.** Llegados a este punto, habrá que tomar las decisiones oportunas y realizar el proyecto de mejora.
5. **Seguimiento, control, ajuste y evaluación.** Es necesario realizar un adecuado seguimiento para ver la evolución de la situación energética. Este seguimiento engloba las siguientes actuaciones o tareas:

   - Seguimiento de los costes y consumos de energía.
   - Control y uso óptimo de las fuentes de energía.
   - Seguimiento de las desviaciones de los índices energéticos.
   - Evaluación de las desviaciones y necesidades de corrección.
   - Redefinición de las medidas si fuera necesario.
   - Determinación de los ahorros energéticos conseguidos y su difusión.
   - Evaluación del programa de gestión energética.

Recuerde

Durante el programa de gestión energética es necesario realizar un seguimiento periódico del consumo de energía y de la contribución solar, midiendo y registrando los valores adecuadamente.

La empresa mantenedora debe asesorar al titular de la instalación solar fotovoltaica en cuanto a las mejoras y modificaciones convenientes en la instalación para lograr un mayor ahorro energético. Asimismo, deberá asesorar en cuanto al mantenimiento, cambios requeridos y funcionamiento de la instalación para lograr una mayor eficiencia energética.

Si la persona encargada del mantenimiento preventivo detecta que se ha producido una disminución de la energía generada por la instalación o del rendimiento de la misma con respecto a las previsiones, deberá tomar y llevar a cabo las medidas necesarias.

Sabía que...

Existen *softwares* de gestión energética que permiten al usuario tener un control riguroso de la instalación, conociendo el estado y el consumo de la misma. Este control permite realizar un correcto mantenimiento preventivo controlando una enorme cantidad de parámetros eléctricos.

10.2. Seguimiento de producciones y consumos

Para poder llevar a cabo las verificaciones correspondientes al programa de gestión, la principal operación a realizar será el control de los valores de producción y consumo de la instalación solar fotovoltaica analizada en concreto. De este modo, será posible establecer las variaciones y las necesidades de la instalación en este aspecto para poder actuar sobre ella y adecuar el programa de gestión energética a las necesidades que vayan surgiendo.

Siempre hay que intentar adecuar el programa de mantenimiento de forma que se consiga el menor consumo energético por parte de los distintos elementos de la instalación.

En lo que a los sistemas de medición energética respecta, la memoria de diseño o proyecto debe especificar las características del sistema de medición energética: sistema de adquisición de datos, elementos de medida, condiciones de funcionamiento, etc.

 Definición

Contador de energía
Equipo que permite medir el consumo y/o la producción energética de la instalación solar fotovoltaica. Este equipo suele facilitar las medidas en kWh (kilovatios por hora).

Para el seguimiento correcto de la producción y el consumo de energía es fundamental disponer de los **contadores de energía** necesarios.

Los contadores de energía suelen estar integrados en equipos como el regulador o los dispositivos de seguridad.

 **Importante**

El contador de energía ha de estar debidamente calibrado y debe cumplir las especificaciones definidas en el Reglamento Electrotécnico de Baja Tensión.

11. Evaluación de rendimientos

El mantenimiento de una instalación solar fotovoltaica dependerá de si es aislada o está conectada a la red, pero tiene una serie de operaciones que son comunes. En todo caso, el objetivo del mantenimiento es prolongar la vida útil del sistema asegurando el funcionamiento y la productividad de la instalación. Esto conlleva una serie de ventajas para el consumo si se trata de una instalación aislada de red o un aumento de la retribución económica de la producción si se trata de instalaciones conectadas a red.

 **Definición**

Rendimiento
Relación entre el ahorro energético y la relación solar sobre captadores, siendo básicamente el primero, función del consumo y del factor solar y la segunda, de su inclinación y orientación y del área del captador.

El rendimiento de los captadores suele venir indicado por el fabricante, puesto que es una de sus características principales e indica, en este caso, la proporción de energía que es aprovechada realmente, puesto que se producen pérdidas por distintos motivos. Este rendimiento varía durante el funcionamiento del captador ya que depende de la temperatura ambiente, de la intensidad de la radiación, etc.

Hay que tener en cuenta que el rendimiento del captador depende de:

- Las condiciones exteriores.
- La posición de montaje.
- La radiación media diaria.
- La inclinación del captador y su orientación.

 Nota

La energía producida por un sistema solar fotovoltaico es su principal factor y objetivo final de diseño. La generación de energía va a depender, por ejemplo, de la insolación, temperatura y otros factores de ubicación.

 Sabía que...

En grandes plantas conectadas a la red con sistemas de seguimiento solar en zonas soleadas de España se llegan a alcanzar los 2.000 kW · h/kW$_p$.

 Ejemplo

En grandes plantas conectadas a la red, la productividad o rendimiento es máxima ya que los paneles se colocan en la posición más idónea, sin pérdidas. Las instalaciones aisladas no son tan productivas porque su objetivo es una alimentación continua con el mínimo fallo.

Para llevar a cabo las tareas relacionadas con la evaluación de rendimientos, es aconsejable seguir los procedimientos y criterios descritos en:

- Norma UNE-EN 61683:2001. Sistemas fotovoltaicos. Acondicionadores de potencia. Procedimiento para la medida del rendimiento.

Asimismo, es fundamental tener presente en todo momento, tanto en relación con el rendimiento como con la eficiencia energética:

- La exigencia básica HE 5 sobre la contribución fotovoltaica mínima de energía eléctrica, contenida en el Código Técnico de la Edificación en los casos de aplicación.

Entre las comprobaciones relacionadas con el rendimiento, habrá que realizar las siguientes:

- Comprobación del rendimiento y la aportación energética de la instalación.
- Comprobación de la eficiencia energética del sistema de captación.
- Comprobación del funcionamiento de los elementos de regulación y control.
- Comprobación de los consumos energéticos para establecer si estos se encuentran dentro de los márgenes admisibles definidos en el proyecto o en la memoria técnica.
- Comprobación del funcionamiento y del consumo de la instalación en las condiciones de trabajo.

12. Operaciones mecánicas en el mantenimiento de instalaciones

En las instalaciones solares fotovoltaicas aisladas, por ejemplo, de forma general habrá que realizar las operaciones, de tipo mecánico, de mantenimiento preventivo que se especifican a continuación. Se analizarán en función del elemento concreto del que se trate.

12.1. Colectores solares

Dentro de los colectores solares hay que distinguir las diferentes partes de las que se compone, para así conocer el mantenimiento preventivo que exige cada una de esas partes desde el punto de vista mecánico.

Colectores

A los colectores hay que hacerles una inspección visual cada seis meses para detectar las posibles diferencias que puedan sufrir en comparación con su estado original. Estas diferencias permitirán valorar si es necesario realizar alguna reparación o reposición en estos elementos.

Asimismo, será necesario realizar también una inspección visual de su limpieza, cada seis meses también, para evitar que la suciedad haga que pierdan eficacia o provoque una avería.

También será necesario realizar una tercera inspección visual sobre los colectores para detectar la posible presencia de daños que puedan afectar a la seguridad de la instalación. Esta última inspección visual habrá de hacerse al menos cada doce meses.

 Recuerde

La inspección del estado de limpieza los colectores ha de hacerse al menos cada seis meses.

Estructura

En cuanto a la estructura, hay que destacar que será necesario llevar a cabo una inspección visual adecuada para detectar la posible degradación de la misma o indicios de corrosión, en cuyo caso habría que llevar a cabo las operaciones de reparación o sustitución del elemento si fuera necesario en función del grado de deterioro apreciado.

 **Consejo**

Realice el apriete de los tornillos durante el mantenimiento preventivo, para que las uniones continúen siendo seguras con el paso del tiempo, pero debe recordar que siempre debe realizar siempre dicho apriete con las herramientas apropiadas y diseñadas para tal fin.

Asimismo, esta inspección visual permitirá detectar si es necesario llevar a cabo el apriete de los tornillos y uniones.

En este caso, la periodicidad con la que se han de revisar estos aspectos es una vez al año como mínimo.

Hay que destacar también que pueden darse dos casos diferentes:

1. Que la instalación incluya un sistema de seguimiento solar.
2. Que se trate de una instalación con paneles fijos.

Si comparamos ambas instalaciones, las características serán diferentes:

INSTALACIÓN CON SISTEMA DE SEGUIMIENTO SOLAR	INSTALACIÓN CON PANELES FIJOS
CARACTERÍSTICAS	CARACTERÍSTICAS
Mayor coste de la estructura. Mantenimiento preventivo más profundo. Mayor riesgo de avería, por la inclusión de partes móviles. Mayores prestaciones energéticas.	Menor mantenimiento (casi nulo en comparación con el primer caso), al ser su estructura fija y un elemento mucho más sencillo desde el punto de vista técnico. Menor número de averías y menos costosas.

Recuerde

La periodicidad con la que se ha de revisar la estructura de los colectores es una vez al año como mínimo.

12.2. Aerogeneradores

En el caso de que la instalación incluya un sistema de apoyo eólico, este será susceptible del correspondiente mantenimiento preventivo de igual forma que el resto de la instalación.

Importante

Cuando una instalación solar fotovoltaica contenga un sistema de apoyo eólico, este también habrá de estar incluido en el plan de mantenimiento preventivo de la instalación.

Para analizar el mantenimiento preventivo a realizar a los sistemas de apoyo eólico, también hay que hablar de las partes susceptibles de dicho control.

Torre o mástil

Sobre esta estructura que lo sustenta, habrá que realizar una inspección visual, cada doce meses como mínimo, para detectar si existe algún tipo de degradación, indicios de corrosión o si es necesario realizar el apriete de tornillos y soportes.

Al menos cada seis meses, también habrá que engrasar las uniones móviles, realizando las operaciones de control y comprobación de funcionamiento correspondientes.

13. Operaciones eléctricas de mantenimiento de circuitos eléctricos

Dentro del mantenimiento preventivo también habrá que realizar una serie de operaciones de tipo eléctrico y electrónico sobre las instalaciones solares fotovoltaicas, concretamente sobre algunos de sus elementos.

Para desarrollar el análisis de estas operaciones y especificar la frecuencia con la que se han de realizar dichas operaciones como norma general, se van a analizar por separado cada uno de los elementos o sistemas sobre los que hay que llevar a cabo operaciones de este tipo. Por ejemplo, se puede suponer una instalación solar fotovoltaica aislada, que es un caso muy completo.

 Nota

Cada elemento de la instalación exigirá un mantenimiento preventivo distinto y particular.

13.1. Colectores solares

Como es sabido, los colectores están formados por distintas partes. Dentro de ellas, existen dos principales susceptibles de ser revisadas y sobre las que hay que realizar el mantenimiento preventivo correspondiente.

Carcasa

Sobre la carcasa es necesario realizar una inspección visual, cada doce meses por lo menos, para determinar si se ha producido algún tipo de deformación u oscilación y si existe alguna anomalía en la conexión a tierra. En caso de que se detecte alguna anomalía en cualquiera de estos aspectos, habrá que proceder a su reparación para establecer las características originales de funcionamiento y seguridad.

Conexiones

En el caso de las conexiones, habrá que proceder a la inspección visual y al correspondiente reapriete de los bornes y reajuste de las conexiones, en caso necesario.

Además es necesario revisar el estado de los diodos de protección para asegurar que están en perfectas condiciones para cumplir con sus funciones. En caso contrario, se procederá a su reparación y sustitución.

Estas operaciones de mantenimiento preventivo de tipo eléctrico sobre las conexiones de los colectores solares se deberán llevar a cabo al menos cada doce meses.

13.2. Equipos electrónicos

En el mantenimiento preventivo de una instalación solar fotovoltaica hay que destacar diferentes elementos electrónicos a revisar. A continuación se detallan los aspectos más importantes a tener en cuenta en la revisión de los mismos.

Reguladores

Cada doce meses habrá que:

- Controlar y comprobar el funcionamiento de los reguladores para verificar si este es correcto.
- Comprobar los indicadores, la intensidad y las caídas de tensión entre terminales.
- Realizar una inspección visual del estado del cableado y de las conexiones de los terminales para actuar sobre ellas en caso de que se detecte alguna anomalía.

Inversores

Cada doce meses también tendrán que ser sometidos a las operaciones correspondientes al mantenimiento preventivo que se especifican a continuación:

- Revisar la conexión de los terminales.
- Comprobar que el funcionamiento de los inversores es correcto, revisando o controlando el rango de tensión, el estado de los indicadores y de las alarmas.

Contadores

En este caso será necesario:

- Comprobar que su funcionamiento es correcto y que responden a las tolerancias de medidas permitidas o características del elemento.
- Realizar una inspección visual de las conexiones de los terminales para evitar fallos debidos a este aspecto.

Estas operaciones deberán realizarse al menos cada doce meses.

Importante

Los contadores son elementos muy importantes dentro de las instalaciones solares fotovoltaicas y es fundamental que su funcionamiento sea correcto para poder obtener los datos de control correctos. Por ello, es necesario que se inspeccionen al menos una vez al año.

Sistemas de monitorización

Al igual que en el resto de elementos electrónicos mencionados, será necesario realizar la inspección de las conexiones de los terminales al menos cada doce meses con el mismo fin.

Por otro lado, será necesario realizar las siguientes comprobaciones cada seis meses:

- Comprobar la conexión remota.
- Controlar el correcto almacenamiento de los registros.
- Comprobar el funcionamiento de las posibles regulaciones y la tolerancia de las medidas.

13.3. Cables, interruptores y protecciones

Se han agrupado estos tres elementos por su estrecha relación, pero se analizarán de forma separada puesto que cada uno de ellos requiere un mantenimiento preventivo concreto.

Cableado

Es importante comprobar el funcionamiento correcto del cableado al menos una vez al año. Para ello, habrá que comprobar la estanqueidad del cableado, que conserva su grado de protección original, que las conexiones de los terminales están adecuadamente realizadas y que se encuentran en correcto estado de seguridad. También habrá que comprobar los empalmes y las pletinas.

Además, en el caso de corriente continua (CC), habrá que controlar los valores de caída de tensión.

 **Recuerde**

Una vez al año debe comprobar la estanqueidad del cableado, su grado de protección, las conexiones de sus terminales, los empalmes y las pletinas en corriente alterna.

Interruptores

Habrá que comprobar su correcto funcionamiento y la conexión de los terminales una vez al año como mínimo.

Protecciones

En el caso de las protecciones, el mantenimiento preventivo se debe realizar al menos una vez al año y consistirá en comprobar el funcionamiento y la actuación de todos los elementos de seguridad y protecciones, entre ellos: fusibles, tomas de tierra e interruptores de seguridad.

13.4. Acumuladores

Como bien sabe, cuando se habla de acumuladores, se habla de baterías. En el caso de instalaciones solares fotovoltaicas aisladas, suelen incluirse estos elementos para satisfacer las necesidades en momentos en los que se requiera mayor energía de la producida por la propia instalación.

 Nota

En el caso de los sistemas fotovoltaicos aislados de red existen elementos críticos en el funcionamiento de la instalación: las baterías y el regulador de carga, que controla la entrada de electricidad a la batería.

El mantenimiento preventivo de estos acumuladores o baterías consiste en las siguientes operaciones básicas:

- Comprobación de la densidad del líquido electrolítico cada seis meses al menos.
- Inspección visual del nivel de líquido electrolítico al menos una vez cada dos años.
- Revisión de los terminales de la batería, de su conexión y del engrase necesario. Esto se deberá realizar una vez al año como mínimo.

Recuerde

Los acumuladores son baterías.

Ahora se analizarán en mayor profundidad los procedimientos a llevar a cabo.

Para comprobar la densidad del líquido electrolítico es necesario la utilización de un densímetro.

En caso de que el nivel de líquido electrolítico sea inferior al adecuado, habrá que añadir el agua destilada necesaria. Esta operación siempre deberá realizarse después de la medida de la densidad del líquido electrolítico.

Importante

Tenga cuidado de no respirar las partículas desprendidas durante las operaciones de limpieza de los contactos de la batería, pueden afectar a su salud.

Cuando se detecte que los contactos de la batería están sulfatados, habrá que desconectarlos y limpiar con cuidado la superficie de los bornes y de los terminales. Para ello, se utilizará un cepillo de cerdas metálicas finas.

Una vez realizada la limpieza, se deben utilizar grasas especiales para proteger los polos de la batería y sus contactos eléctricos.

13.5. Aerogeneradores

En el caso concreto de que la instalación incluya un sistema de apoyo eólico, este llevará un regulador al que habrá que realizarle también el correspondiente mantenimiento preventivo.

Regulador

Las operaciones de mantenimiento preventivo del regulador del sistema de apoyo eólico deberán realizarse al menos una vez al año.

Estas operaciones consistirán en realizar un control de funcionamiento para comprobar que dicho funcionamiento es correcto, que los indicadores funcionan correctamente y que las caídas de tensión entre terminales son adecuadas.

Además, será necesario realizar la inspección visual de la conexión de los terminales para determinar si son correctas o hay que realizar alguna reparación para que estas permitan el correcto funcionamiento de la instalación de forma segura.

14. Equipos y herramientas usuales

Para los trabajos de mantenimiento será necesario tener a su disposición los equipos y herramientas que pueda necesitar durante las tareas a desarrollar. La mayoría de estos equipos y herramientas serán los mismas que se necesitan durante el montaje de la instalación.

El presente epígrafe dará a conocer las herramientas más comunes para poder establecer la forma y el momento de usarlas.

14.1. Generalidades

En primer lugar, se destacarán algunas características o peculiaridades generales que se deben tener en cuenta antes de elegir el material a utilizar:

- Deben utilizarse siempre herramientas con el tamaño adecuado y proporcionado al del elemento que va a ser manipulado con ellas. Por ejemplo. si el elemento a manipular es un tornillo que ha de ser apretado, se deberá seleccionar un destornillador con la cabeza del mismo tipo que la cabeza del tornillo y de un tamaño adecuado. Si se escoge una cabeza de destornillador más grande o más pequeña, no será posible realizar el trabajo con un buen resultado.

- Es importante que la forma del mango de cada utensilio o herramienta que se utilice sea ergonómica y se adapte a la mano del usuario, de manera que no produzca dolencias y asegure su agarre sin que se resbale el instrumento. En su manipulación debe permitir que la muñeca permanezca recta durante la realización del trabajo, el mango debe adaptarse a la postura natural de la mano.

- Los mangos de los útiles de equipo de trabajo han de ser de material aislante para evitar contactos eléctricos indirectos. Esta característica es importante para herramientas destinadas a cualquier tipo de trabajo, pero en trabajos sobre instalaciones eléctricas o electrónicas es fundamental.

 Importante

I Únicamente se deben utilizar equipos construidos y diseñados siguiendo la normativa vigente.

I Al utilizar cualquier herramienta, ha de sujetarla siempre por el mango para que la protección que ofrece el material del mango frente a contactos eléctricos actúe y tenga resultado.

14.2. Equipos y herramientas más utilizados

A continuación, se van a analizar algunos de los equipos y herramientas más utilizados. No obstante, pueden necesitarse otros equipos más específicos para determinadas tareas o trabajos especiales concretos.

Se incluyen tanto útiles de equipo de trabajo y herramientas manuales como máquinas-herramientas que, además de la intervención manual del hombre, se ayudan de un sistema eléctrico para funcionar y facilitar el trabajo ejercido por el operario.

Destornillador

El **destornillador** es una herramienta manual que sirve para apretar y aflojar tornillos que requieran poca fuerza de apriete. En el caso concreto de instalaciones eléctricas y electrónicas, todas las conexiones se suelen hacer mediante tornillos de mayor o menor tamaño para asegurar la fijación de las mismas. Por tanto, tanto en el mantenimiento de tipo mecánico como eléctrico de una instalación solar fotovoltaica será necesario reajustar tornillos y uniones de este tipo.

 Nota

El tornillo es un elemento muy utilizado para el montaje de instalaciones y componentes de todo tipo.

El destornillador se compone de:

- **Mango:** es la parte que sirve para sujetar el destornillador y es sobre la que se ejerce la fuerza.
- **Cuerpo:** es la parte que une el mango con la cabeza y hace que la herramienta sea más larga para tener mejor acceso a determinados lugares.
- **Cabeza:** es la parte principal del destornillador puesto que es la que se introduce en la cabeza del tornillo para hacerlo girar y conseguir apretarlo o aflojarlo. La cabeza puede tener distintas formas, distinto grosor y diferente longitud de filo en función del tipo de tornillo para el que haya sido diseñado. Existen destornilladores con cabezas intercambiables, de forma

que pueden ser utilizados para distintos tipos de tornillos en función de la cabeza que se elija y se le ponga.

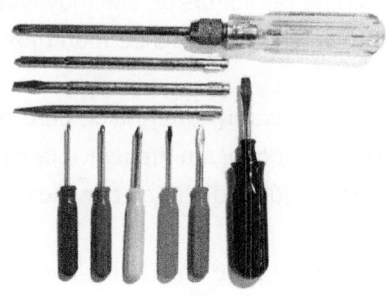

Atornillador eléctrico

El **atornillador eléctrico** realiza las funciones de atornillar y desatornillar de forma rápida y sin suponer un gran esfuerzo para el operario obteniendo buenos resultados. Por tanto, realiza las mismas funciones que el destornillador manual, pero supone un menor esfuerzo para el operario debido a que, con ayuda de la electricidad, gira solo.

Existen modelos que necesitan estar constantemente conectados a la corriente eléctrica y otros que funcionan de forma inalámbrica gracias a una batería que incluyen, la cual ha de estar cargada para que sea posible su funcionamiento. Además existen modelos, como el de la imagen, que permiten la regulación del mango en distintas posiciones para facilitar la sujeción del equipo y la adaptación a las características del usuario y de las condiciones en que desarrolla su actividad en cada momento.

Atornillador eléctrico

Llave de apriete

Las **llaves de apriete** son herramientas manuales que se utilizan para aflojar o apretar tuercas. Son herramientas de uso muy común debido a que la tuerca es un elemento usual en instalaciones de todo tipo.

Existen llaves con formas muy diferentes, pero se pueden clasificar, de forma general, del siguiente modo, sin atender a la forma sino únicamente a sus características de adaptación a distintos tamaños de tuercas:

- **Llave de boca fija.** La llave entera, incluida su cabeza, es fija. Por tanto, el tamaño de la abertura donde encaja la tuerca no es regulable y no puede adaptarse a diferentes medidas de tuercas. Sin embargo, estas ofrecen mejor garantía de apriete que las siguientes, pero solo se deben utilizar para la tuerca en la que ajustan de forma exacta porque si no, se puede redondear la tuerca y no podremos aflojarla después.

- **Llave de boca ajustable o llave inglesa.** Tiene una parte móvil para ajustar el tamaño de su abertura a cada tuerca. Dentro de la adaptación al elemento a manipular que permiten, hay que utilizar una llave adecuada a la tuerca que se va a ajustar. Este tipo de llaves proporcionan comodidad, pero el resultado no es tan bueno como en el caso de llaves de boca fija.

■ **Llave dinamométrica.** Es un tipo más especial de llave de apriete, que se utiliza para elementos que por sus condiciones de trabajo tienen que llevar un apriete muy exacto. Son llaves fijas de vaso en las que se acopla un brazo con el que se regula el par de apriete, de forma que no permite un apriete mayor del adecuado.

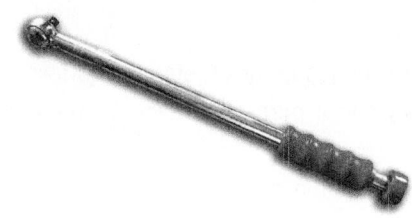

Pistola neumática

La **pistola neumática** hace las funciones de las llaves de apriete, pero apoyándose en un sistema eléctrico para su funcionamiento.

Alicate

El **alicate** es una tenaza pequeña con dos brazos encorvados y dos puntas cuadrangulares o con forma de cono truncado.

 **Nota**

El alicate es una herramienta manual.

Se utiliza para coger y sujetar objetos menudos, torcer o doblar alambres o pequeños objetos y cortar piezas de diversos materiales y pequeño espesor.

En el mercado es posible encontrar una gran variedad de alicates puesto que se pueden utilizar en actividades muy diversas. En electricidad es una herramienta esencial debido al uso que se les puede dar, ya que permiten retener y sujetar cables u otros elementos pequeños, modelar y cortar conductores, y realizar trabajos sobre elementos poco accesibles, entre otras de sus muchas aplicaciones. En el trabajo de mantenimiento es también una herramienta imprescindible.

Por su gran uso en trabajos pertenecientes al campo de la electricidad y de la electrónica, casi todos los alicates poseen mangos aislantes.

En cualquier alicate se pueden distinguir cuatro partes principales:

- Quijadas.
- Cortadores de alambre.
- Tornillo de sujeción.
- Mango.

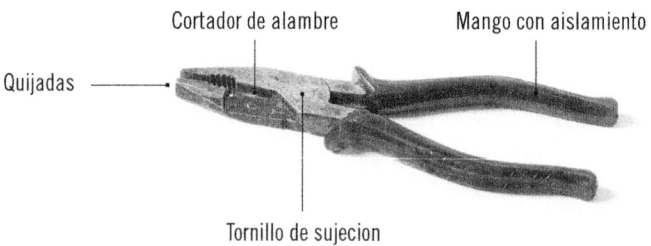

Cortador de alambre
Mango con aislamiento
Quijadas
Tornillo de sujecion

Como ya se ha mencionado, existen muchos tipos de alicates. A continuación, se realiza una clasificación donde se incluyen los más utilizados:

- **Alicate universal.** Posee una pinza robusta con mandíbulas estriadas y una sección de corte. Es utilizada como herramienta multiusos puesto que permite tornear, apretar, desenroscar, cortar alambres, pelar cables, etc.

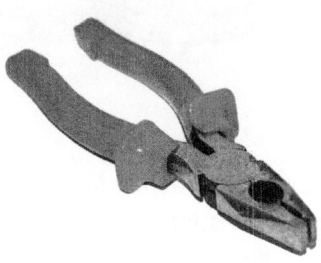

- **Alicate plano.** Tiene la boca cuadrada, plana y estriada por su parte interior. Es el tipo más común. Se utiliza para sujetar y doblar, principalmente.

- **Alicate redondo.** Es similar al alicate plano, pero uno de sus extremos o los dos son cónicos. Este tipo de alicate es muy utilizado en electricidad y en otros trabajos con pequeños objetos que hay que tratar cuidadosamente, como por ejemplo en joyería y bisutería.

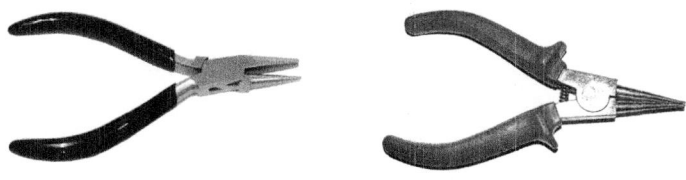

■ **Alicate de punta acodada.** Sus puntas están dobladas para permitir trabajar sobre zonas de difícil acceso, modelar determinados componentes y reparar terminales para soldar cables.

■ **Alicate de corte.** Sus puntas tienen forma de cuchillas. Existen diversos modelos, fabricados con distintos materiales, para poder cortar materiales diferentes según las necesidades de cada trabajo.

■ **Alicate extensible.** Existen algunos alicates con forma especial en los que es posible graduar la distancia entre sus extremos mediante un tornillo para poder trabajar sobre piezas de mayor o menor grosor.

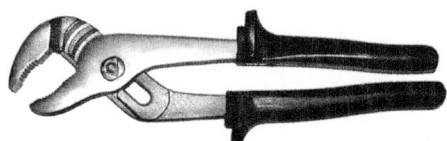

- **Alicate pelacables.** Son los más utilizados en trabajos sobre instalaciones eléctricas puesto que es un tipo de alicate específico para eliminar la protección aislante de los conductores.

 Aplicación práctica

Si usted es un operario que va a realizar un trabajo de electricidad ¿Qué tipo de alicate es indispensable que tenga preparado antes de comenzar su actividad?

SOLUCIÓN

Un alicate pelacables. No obstante, podrían hacerle falta otros tipos, pero este es muy probable que le sea necesario.

Martillo

El **martillo** es una herramienta de percusión. Puede ser necesario en cualquier momento para la fijación de algunos elementos o el arreglo de otros para modificar su forma o inclinación, por ejemplo.

En el martillo se pueden distinguir dos partes bien diferenciadas: cabeza y mango. Existen muchos tipos de martillos en función de la forma de su cabeza. Esta se adaptará a un trabajo u otro según para lo que haya sido diseñado. Además, existen martillos con la cabeza de diferentes materiales (hierro, goma, etc.) en función del trabajo para el que se han creado.

Martillo neumático

Se trata de un equipo portátil de percusión, que funciona con presión aérea. El **martillo neumático** es un martillo que se ayuda de un sistema eléctrico para funcionar y facilitar el trabajo al operario, pero su función es la misma que la del martillo manual.

Taladro

El **taladro** es una máquina que permite la realización de agujeros sobre un material, gracias al movimiento rotativo del elemento móvil que lleva, llamado **broca**.

? Sabía que...

El ingeniero norteamericano Frederik Winslow Taylor ideó en 1897 un acero especial (acero frío) capaz de soportar una utilización prolongada sin apenas desgaste. La broca fue el primer objeto que se fabricó con este material; eran ideales para la producción en serie, ya que se podían utilizar muchas veces sin que se despuntaran.

La broca va sujeta al taladro mediante su cabezal. Actualmente existen taladros que necesitan estar constantemente conectados a la corriente eléctrica y otros que funcionan de forma inalámbrica gracias a una batería que incluyen.

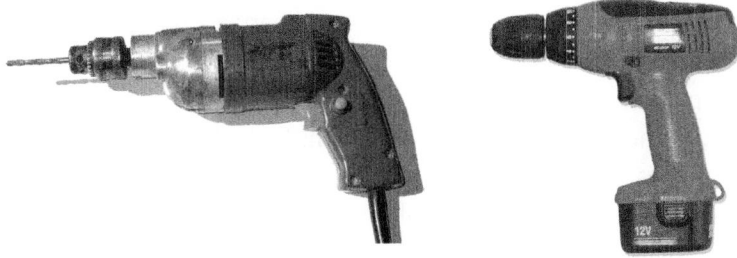

Remachadora

Es una herramienta manual que se utiliza para fijar uniones de piezas con remaches, de forma que no serán desmontables en el futuro. Puede ser una solución adecuada para unir determinadas piezas en algunos procesos de mantenimiento que lo requieran.

Soldador

El **soldador** es un aparato eléctrico que se usa para fijar sólidamente y de manera estable las piezas a unir. La soldadura es un método de unión que emplea calor para fundir las piezas a soldar o un material de aporte o ambos, dependiendo de la técnica. Normalmente las grandes estructuras prefabricadas vienen soldadas del taller.

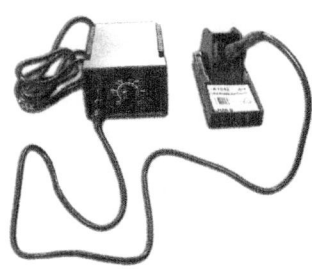

Herramientas de corte

Este tipo de herramientas aseguran la rapidez y perfección en el corte. Las que se emplean in situ, es decir, en el lugar donde está montada la instalación, que es donde se suelen realizar los trabajos de mantenimiento, suelen ser portátiles. Esto permite al operario gran libertad de movimiento, pudiendo realizar el corte en cualquier posición. La hoja de corte tiene forma circular y gira a gran velocidad accionada por un motor eléctrico. Son herramientas que deben manejarse con suma precaución. La hoja de corte estará protegida con elementos de cubrición del disco. Como herramientas de corte se suelen emplear la sierra circular o la radial.

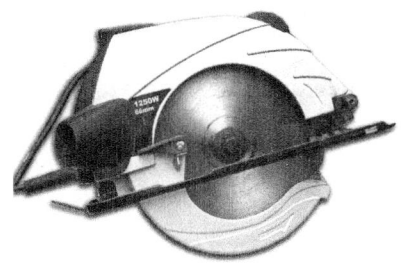

Nota

El perfil de la hoja de corte varía en función del material a cortar.

15. Procedimientos de limpieza de captadores, acumuladores y demás elementos de las instalaciones

En las operaciones de limpieza de los diferentes componentes de las instalaciones fotovoltaicas, hay que tener en cuenta una serie de consideraciones generales. Seguidamente se especifican aquellos aspectos más significativos a considerar.

15.1. Limpieza de colectores

Si tras la inspección visual realizada cada seis meses sobre los **colectores,** se detecta un grado de suciedad importante, será necesario llevar a cabo su limpieza de forma adecuada para evitar que pierdan eficacia y que la suciedad provoque una posible avería. No obstante, si el polvo y la suciedad no son excesivos, no tendrá gran influencia sobre el voltaje de salida.

Los módulos han de ser limpiados con agua, sin agentes limpiadores, y una esponja u otro utensilio similar.

Importante

Nunca debe verter agua fría sobre un panel caliente para limpiarlo.

Consejo

Las tareas de limpieza de los módulos se deben realizar en horas frescas del día.

Es importante que la manera de eliminar la suciedad de los módulos nunca sea rascando ni frotando en seco porque se puede arañar la superficie.

En el caso de que exista nieve sobre los módulos, esta ha de eliminarse con la ayuda de un cepillo suave.

15.2. Limpieza de acumuladores

En cuanto a la limpieza de los **acumuladores** se refiere, como ya se ha explicado con anterioridad, hay que destacar que la suciedad puede provocar problemas de funcionamiento en las baterías cuando esta se encuentra en sus bornes. Es decir, cuando se detecte que los contactos de una batería están sulfatados, que es lo que puede ocurrir con más frecuencia, es necesario llevar a cabo la limpieza de los mismos para evitar problemas y garantizar su correcto funcionamiento. Para ello, en primer lugar, habrá que desconectar la batería y después proceder a la limpieza de los bornes y terminales con cuidado. Se recurrirá a la utilización de un cepillo de cerdas metálicas finas.

Recuerde

Tenga cuidado de no respirar las partículas desprendidas durante las operaciones de limpieza de los contactos de la batería, pueden afectar a su salud.

Además de proceder a la limpieza, es recomendable añadir algún tipo de grasa especial para proteger los polos de la batería y los contactos eléctricos contra la corrosión y la oxidación, evitando asimismo los daños que pueden causar los ácidos. Esto conseguirá alargar la vida útil de la batería y además es una acción más para llevar a cabo un mantenimiento preventivo adecuado de la misma, garantizando y mejorando su funcionamiento.

 Aplicación práctica

Imagínese que un compañero está tratando de eliminar excrementos secos de aves que han caído sobre la superficie de un colector y usted observa que los está retirando con un rasca vidrios y un estropajo seco, ¿qué consejo le daría usted?

SOLUCIÓN

Le explicaría que nunca debe limpiar un colector rascando ni frotando en seco porque puede arañar la superficie. En lugar de eso, debería eliminar la suciedad de los módulos con agua y una esponja u otro elemento suave similar. Le diría que nunca debe utilizar agentes limpiadores, que es aconsejable que realice estas tareas en las horas más frescas del día y que nunca debe verter agua fría sobre los paneles calientes.

16. Resumen

En las instalaciones solares fotovoltaicas, el mantenimiento preventivo tiene una gran importancia, como en todas las instalaciones.

Por ello, es importante conocer los procedimientos y las operaciones a llevar a cabo durante el mantenimiento preventivo, controlando los distintos elementos de la instalación, tanto mecánicos como eléctricos y electrónicos.

Durante el mantenimiento preventivo será necesario realizar las medidas de los parámetros más influyentes en el funcionamiento de la instalación, para comprobarlos y ajustarlos a los valores de diseño o especificados en el proyecto. Esta es una forma de corroborar si la instalación está funcionando correctamente y si no es así, será posible realizar las modificaciones necesarias antes de que la instalación falle.

El mantenimiento debe ser realizado por una persona cualificada para ello y, para llevarlo a cabo, debe establecerse un programa de mantenimiento de la instalación basado en el proyecto de la misma y en las instrucciones y especificaciones que incluyen los manuales de uso y mantenimiento facilitados por los fabricantes.

Para proceder correctamente, es muy útil conocer algunos de los fallos más usuales en este tipo de instalaciones, así como sus causas y soluciones.

En todo momento, durante los trabajos de mantenimiento preventivo, ha de tenerse presente y cumplirse la normativa en vigor que le afecte. En este aspecto, es de gran importancia el Reglamento Electrotécnico para Baja Tensión.

A lo largo del presente capítulo, el alumno ha podido aprender cómo realizar un programa de mantenimiento preventivo. En relación con el programa de mantenimiento preventivo, hay que destacar la gran importancia del programa de gestión energética puesto que es un aspecto cada vez más relevante y valorado en estas instalaciones. Será necesario tener un control de la producción y el consumo de energía para ajustar la instalación a las necesidades reales, tomando las decisiones oportunas.

El mantenimiento preventivo ha de contener operaciones destinadas al mantenimiento de los elementos mecánicos de la instalación, por un lado, y al mantenimiento de los elementos eléctricos, por otro. Para desarrollar todas estas operaciones de mantenimiento, serán necesarios una serie de equipos y herramientas que hay que conocer para poder decidir cuál es la más adecuada para cada trabajo y poder manejarlas adecuadamente.

Por último, hay que destacar la importancia de realizar una limpieza adecuada de los elementos que lo necesiten durante el proceso de mantenimiento preventivo de la instalación para conseguir que esta funcione correctamente y no pierda prestaciones ningunas.

Ejercicios de repaso y autoevaluación

1. ¿Es necesario que las pruebas, actuaciones y controles realizados durante las pruebas de comprobación y las tareas de ajuste queden por escrito?

_____
_____
_____
_____

2. Si es necesario medir tensiones con mayor exactitud, ¿qué tipo de multímetro se debería utilizar?

_____
_____
_____
_____

3. Defina qué es un vatímetro.

_____
_____
_____
_____

4. Relacione cada instrumento de medida con la variable eléctrica que mide.

    a. Amperímetro.
    b. Voltímetro.
    c. Ohmímetro.

    __ Tensión.
    __ Resistencia eléctrica.
    __ Intensidad de corriente eléctrica.

5. **Indique si las siguientes afirmaciones son verdaderas o falsas.**

   a. Los programas de mantenimiento se ejecutan teniendo en cuenta los recursos financieros únicamente.

      ☐ Verdadero
      ☐ Falso

   b. El mantenimiento lo debe realizar una persona o empresa autorizada.

      ☐ Verdadero
      ☐ Falso

   c. Los fabricantes deben definir las características de los elementos que fabrican a través de ensayos y deben facilitarlos al usuario a través del Manual de uso y mantenimiento, pero no tienen la obligación de hacerlo.

      ☐ Verdadero
      ☐ Falso

6. **¿Qué dos documentos ha de tener presentes para elaborar el programa de mantenimiento de una instalación solar fotovoltaica? ¿Por qué?**

   _____
   _____
   _____
   _____

7. **¿Sabe usted si durante el mantenimiento preventivo es posible detectar conexiones flojas? ¿A qué puede deberse? ¿Cómo puede solucionarse?**

   _____
   _____
   _____
   _____

8. **Nombre las cinco fases en las que se puede dividir la implantación del plan o programa de gestión energética, en el orden correcto según el manual.**

_____
_____
_____
_____
_____
_____
_____

9. **Indique si las siguientes afirmaciones son verdaderas o falsas.**

   a. El densímetro se utiliza para comprobar el estado de carga de la batería.

   ☐ Verdadero
   ☐ Falso

   b. Las llaves de apriete se utilizan para apretar todo tipo de elementos, como por ejemplo tornillos.

   ☐ Verdadero
   ☐ Falso

   c. El pelacables es un tipo de alicate muy utilizado en trabajos de electricidad.

   ☐ Verdadero
   ☐ Falso

10. **Complete las siguientes oraciones con la/s palabra/s adecuada/s.**

    a. El alicate plano se utiliza principalmente para _____
       y_____.
    b. El destornillador a utilizar para un trabajo de electricidad ha de tener un
       _____ aislante.
    c. Nunca se debe verter agua _____ sobre un panel caliente
       para limpiarlo.

Capítulo 3
Mantenimiento correctivo de instalaciones solares fotovoltaicas

Contenido

1. Introducción
2. Consideraciones previas. Ventajas e inconvenientes del mantenimiento correctivo
3. Diagnóstico de averías
4. Métodos y técnicas usadas en la localización de averías en instalaciones aisladas y conectadas a red
5. Métodos para la reparación de los distintos componentes de las instalaciones
6. Desmontaje y reparación o reposición de elementos mecánicos, eléctricos y electrónicos
7. Resumen

1. Introducción

El mantenimiento, aunque en las instalaciones de energía solar fotovoltaica sea mínimo, es siempre necesario puesto que a medida que va transcurriendo el tiempo de funcionamiento de la instalación, se van consumiendo recursos y esto hace que se pierda capacidad en el desempeño de sus funciones. Por este motivo, por ejemplo, se producen averías.

El mantenimiento correctivo comprende aquellas acciones, planificadas o no, cuyo objetivo es restablecer el nivel de desempeño de un equipo o sistema después de que haya ocurrido un fallo, sea este esperado o no.

Hay que tener en cuenta que a veces se opta por este tipo de mantenimiento porque supone un coste económico menor en función del caso. Lo ideal es la realización de un mantenimiento preventivo y, en caso necesario, recurrir a un mantenimiento correctivo como método excepcional.

Sin embargo, existen casos en los que el coste de la planificación de un mantenimiento preventivo es superior al que pueda ocasionar la pérdida provisional u ocasional del servicio prestado por la instalación debido al arreglo de una avería, es decir, a la realización de un mantenimiento de tipo correctivo.

A lo largo del presente capítulo se procederá a describir cuál es la forma de proceder para la reparación de averías, dicho de otro modo, las peculiaridades y la forma de llevar a cabo el mantenimiento de tipo correctivo en las instalaciones solares fotovoltaicas. Antes de profundizar en dichas nociones, se realizará una breve descripción de las características que hacen distinto el mantenimiento correctivo del mantenimiento preventivo, al igual que de las ventajas e inconvenientes que presenta este tipo de mantenimiento.

2. Consideraciones previas. Ventajas e inconvenientes del mantenimiento correctivo

Hay que destacar que el mantenimiento correctivo se verá muy reducido si se realiza un mantenimiento preventivo de la instalación de forma adecuada, además esto disminuirá la gravedad de las averías que se produzcan.

Recuerde

El mantenimiento preventivo es el que se realiza antes de que se produzca el fallo. El mantenimiento correctivo se lleva a cabo una vez se ha producido el fallo.

El mantenimiento correctivo, al igual que el preventivo, supone una serie de ventajas e inconvenientes a tener en cuenta a la hora de conocerlos y decidir qué hacer.

Importante

El mantenimiento correctivo será válido siempre que no suponga riesgos operaciones, para la vida humana o afecte al medioambiente.

Entre sus **ventajas** destacan las siguientes:

- El coste inicial de su implantación es prácticamente nulo.
- Si el equipo está preparado, es decir, si el mantenimiento correctivo está planificado, la intervención en caso de fallo es rápida.
- Tiene más importancia la experiencia y la pericia de los operarios de mantenimiento que la capacidad de análisis o de estudio de los problemas que se produzcan, por tanto, no es necesaria una gran infraestructura.
- Es rentable en equipos que no intervienen directamente en la producción, donde la implantación de otro sistema resultaría poco económica.

Definición

Plan de mantenimiento correctivo
Es aquel que comprende todas las operaciones de sustitución necesarias para asegurar que el sistema funciona correctamente durante su vida útil.

Sus **inconvenientes,** en general, pueden ser los que se nombran a continuación:

- Las paradas son inesperadas, no están controladas y programadas previamente.
- Suele ser consecuencia de averías de gran importancia, por lo que los costes de reparación pueden ser muy elevados tanto por el coste de las piezas y de la mano de obra como por el coste que supone un tiempo de parada prolongado.
- El número de piezas de que debe disponerse en almacén es elevado ya que no se sabe qué pieza puede fallar en cualquier momento. Por ejemplo, no disponer de las piezas en almacén, habría que parar durante más tiempo hasta que la pieza llegue desde fábrica.
- No permite conocer el estado real de la instalación.
- Se produce un aumento del riesgo de accidentes, ya que puede estar fraguándose una avería en algún componente de la instalación que entrañe peligro.
- Puede producirse el mismo fallo reiteradamente sin descubrir cuál es la causa que lo origina y, por tanto, no llegar a erradicar el problema.
- Pueden producirse situaciones en las que no sea posible cumplir las normas de prevención de riesgos laborales y/o de calidad al no estar los componentes en buen estado.

3. Diagnóstico de averías

El diagnóstico de la/s avería/s es la primera fase o el primer paso del mantenimiento correctivo. El mantenimiento correctivo se realiza una vez que se produce un fallo en el equipo, sistema o instalación. Por ello, lo primero que hay que hacer antes de actuar y reparar es encontrar el origen del fallo.

 Definición

Mantenimiento correctivo
Conjunto de operaciones realizadas tras la detección de una anomalía durante el funcionamiento, durante el plan de vigilancia o durante el mantenimiento preventivo de la instalación. Comprende las tareas de sustitución y reparación de la instalación.

El tiempo necesario para que el operario de mantenimiento localice la avería, haga un diagnóstico sobre el tipo de avería del que se trata y decida cómo solucionarla va a depender de muchos aspectos como, por ejemplo, su formación, su experiencia y la calidad de la documentación técnica que tenga a su disposición.

Dicho tiempo será menor si el operario o el técnico dispone de planos y manuales cerca de la instalación y si se ha creado un listado de averías, que se hayan producido anteriormente, en el cual se detallen los síntomas, las causas y las soluciones de cada una.

El diagnóstico correcto de la avería es fundamental en las tareas de mantenimiento correctivo puesto que, antes de sustituir un elemento, hay que estar seguro de que dicho elemento está defectuoso o dañado y es el que provoca la avería. En ningún caso se deben ir cambiando piezas sin saber el origen real de la avería para probar de dónde viene dicha avería.

 Consejo

Si no se consigue detectar la avería, puede consultar con el servicio técnico del fabricante.

Es de destacar que el usuario es el primero en detectar que existe un fallo en su instalación y normalmente lo puede detectar por alguno de estos **síntomas** o factores que se producen:

- El rendimiento de la instalación baja apreciablemente o desaparece, incluso con días soleados.
- Si se trata de una instalación aislada de red, se puede detectar que disminuye el servicio que ofrece, disminuyendo o desapareciendo la energía generada.
- Si la instalación posee sistemas de apoyo, como puede ser el eólico o un grupo electrógeno, estos no funcionan.
- Si la instalación está conectada a red, los recibos de energía pueden aumentar excesivamente.
- La instalación genera ruidos anormales.

 ## Aplicación práctica

Imagínese que determina el tiempo que le llevará la reparación de una instalación y su superior le dice que es demasiado tiempo. Usted sabe que es cierto, pero se debe a las circunstancias particulares de la información que tiene sobre la instalación, ¿cómo podría usted justificar ese incremento de tiempo y qué documentación podría pedir para reducir dicho tiempo de trabajo?

SOLUCIÓN

Le explicaría que carece de documentación técnica de calidad sobre la instalación a su disposición, lo cual complica bastante las tareas de reparación y localización de averías, es decir, el trabajo de mantenimiento correctivo. Sería necesario disponer de planos y manuales de la instalación, así como del listado o registro de averías anteriores con los síntomas, las causas y las soluciones de cada una correctamente detallados.

4. Métodos y técnicas usadas en la localización de averías en instalaciones aisladas y conectadas a red

Es importante que el operario encargado del mantenimiento de la instalación que deba enfrentarse a las anomalías del sistema determine, en primer lugar, si:

- La avería afecta al funcionamiento de la instalación. Esto quiere decir que la avería provocará el paro de la instalación y, por tanto, la interrupción de la producción eléctrica.
- La avería no afecta aparentemente al funcionamiento de la instalación, pero produce una reducción de las prestaciones de la misma.

Si el operario de mantenimiento se encuentra ante un caso u otro, tendrá que valorar la urgencia de la reparación para dar prioridad a los casos de mayor relevancia, que serían los primeros. El segundo caso exigirá un diagnóstico del sistema para valorar la urgencia de la reparación.

 Importante

La calidad de la señalización del cableado eléctrico instalado, de las guías y de los planos de la instalación influirá directamente en la facilidad para la localización de averías por parte del operario o técnico de mantenimiento.

A continuación, se van a especificar algunas de las averías más comunes en los distintos elementos que forman una instalación solar fotovoltaica.

4.1. Paneles solares fotovoltaicos

Entre los problemas más destacables que pueden dar lugar a averías en los paneles solares fotovoltaicos destacan los siguientes:

- **Presencia de sombras parciales.** Esto puede producir el calentamiento parcial o el efecto de puntos calientes del panel, debido a que existan determinadas células sobre las que da la sombra y otras células del mismo panel donde da el sol.
- **Deterioro o rotura del vidrio.** Esto se debe a la realización de un montaje erróneo, a que hayan recibido golpes accidentales o a actos vandálicos. La rotura del vidrio permite la entrada de humedad en el interior del panel y esto puede provocar la corrosión de las conexiones y circuitos del panel, de ahí que este no funcione correctamente.

 Nota

Afortunadamente las averías en los paneles solares fotovoltaicos debidas a la rotura de su vidrio y a la corrosión de sus conexiones y circuitos, como consecuencia, solo se producen ocasionalmente.

4.2. Equipos eléctricos y de control

En el caso de los equipos eléctricos y de control, cuando se presente una avería, en primer lugar es necesario conocer las pautas más genéricas para poder realizar su diagnóstico. Asimismo, pueden presentarse otros tipos de averías más concretas tanto en reguladores como en inversores.

Actuaciones generales para el diagnóstico de la avería

Se puede seguir la siguiente metodología de actuación general:

1. Seguir el circuito mediante el puenteo correlativo de cada elemento de protección o control e ir comprobando la existencia de tensión en los elementos.

a. Si se detecta fallo en algún elemento, habrá que sustituirlo y continuar con la revisión del resto de los elementos de la instalación.

b. Si se detectan fallos generalizados, es posible que la causa sea otra diferente de la que se ensaya.

2. Revisar aprietes y continuidades de cables y no hacer grandes cambios, puesto que hay que tener presente que la instalación antes funcionaba correctamente.

 Nota

El sistema de control puede tener consignas inadecuadas que provoquen un funcionamiento incorrecto de la instalación.

Reguladores e inversores

Concretamente los reguladores e inversores pueden presentar averías o fallos por los siguientes motivos:

- Fallos de fabricación, aunque estos son prácticamente nulos.
- Problemas por inversión de polaridad durante el montaje.
- Sobrecarga o sobretensión por ausencia de elementos de protección.

4.3. Cableado eléctrico

Generalmente, si el cableado eléctrico da problemas suele ser por un montaje inadecuado del mismo.

Recuerde

La calidad de la señalización del cableado eléctrico instalado influirá directamente en la facilidad para la localización de averías por parte del operario o técnico de mantenimiento.

Entre otros, se pueden encontrar los siguientes problemas y las causas que los producen:

- **Las conexiones se desconectan o se aflojan.** Puede deberse a que el apriete no se hiciera correctamente.
- **Las conexiones se mojan.** Puede ser debido a que la estanqueidad de las cajas de terminales o de las conexiones no sea buena.
- **Las conexiones se calientan demasiado.** El error vendrá de un mal dimensionado.

Operario realizando el mantenimiento del cableado

Importante

Hay que prestar atención a las derivaciones a tierra del circuito y de los equipos eléctricos.

4.4. Acumuladores

Entre las averías más comunes que puedan presentar estos componentes se encuentran:

- El uso excesivo de las baterías o acumuladores puede provocar que estas se **agoten y dejen de funcionar.** Si esto ocurre, es porque los acumuladores o el campo fotovoltaico se han dimensionado por debajo de las necesidades reales de consumo o porque se haya consumido la energía acumulada en la batería por encima de su profundidad máxima de descarga.

■ **El sulfatado y la corrosión de las placas.** Se debe a la falta de control del nivel de electrolito.

5. Métodos para la reparación de los distintos componentes de las instalaciones

La metodología adecuada para la reparación de cada avería depende del tipo concreto de avería del que se trate.

Durante el capítulo anterior, sobre el mantenimiento preventivo de instalaciones solares fotovoltaicas, se analizaron algunos procedimientos a llevar a cabo en caso de detectar que fuese necesaria la reparación de determinados elementos. En este caso, se tendrá que proceder del mismo modo para cada elemento concreto. A continuación, se recordarán los principales métodos para la reparación de los distintos componentes de las instalaciones, pero antes hay que destacar un aspecto muy importante que hay que llevar a cabo siempre.

Una vez realizada la reparación, será necesario realizar las pruebas adecuadas para comprobar que la instalación funciona correctamente y la avería ha sido reparada adecuadamente. Por tanto, para finalizar habrá que poner en marcha de nuevo la instalación, haciendo las comprobaciones oportunas, y redactar los informes y documentos donde se reflejen las acciones llevadas a cabo durante la reparación de la avería.

 Recuerde

Toda operación de mantenimiento llevada a cabo debe quedar por escrito debidamente registrada.

5.1. Colectores solares

Como ya se conoce, los colectores solares fotovoltaicos reciben también el nombre de módulos o paneles solares fotovoltaicos. Dependiendo del tipo de avería que se presente en estos la forma de proceder será una u otra:

- **Panel fotovoltaico dañado** (por las condiciones meteorológicas, por ejemplo). Habrán de hacerse las sustituciones oportunas.

Operario sustituyendo un panel fotovoltaico defectuoso

- **Se ha producido la rotura de cristales y carcasas.** Estas deberán sustituirse puesto que dichas grietas causarán una pérdida de rendimiento del panel solar.

- **Se ha perdido la estanqueidad** debido al deterioro de las juntas. Habrán de sustituirse para evitar la entrada de humedad dentro del panel.
- **Se ha producido un deterioro de la estructura soporte,** que puede causar **falta de rigidez del sistema y vibraciones** ocasionadas por las inclemencias climatológicas. Se sustituirán los elementos deteriorados, se procederá al apriete o soldado de las uniones y al reajuste de los elementos de conexión.
- Se observa una **disminución de la generación de energía** debido a que actualmente da más sombra sobre los paneles que cuando se montó la instalación (el origen puede venir de árboles que hayan crecido, nuevas construcciones cercanas, etc.). En estos casos, habrá que podar los árboles o modificar la posición de los captadores solares para sacarle mayor rentabilidad a la instalación, haciendo el estudio adecuado.

Por otro lado, las sombras parciales sobre los paneles solares fotovoltaicos pueden producir el calentamiento parcial o el efecto de puntos calientes del panel debido a que existan determinadas células sobre las que da la sombra y otras células del mismo panel donde da el sol. Por ello, es muy importante que los paneles solares se coloquen a una distancia adecuada de los elementos que tengan a su alrededor para evitar que estos produzcan sombras sobre ellos. Además se deben instalar diodos de paso que eviten que la parte sombreada se comporte como un receptor de energía.

Paneles solares con sombras parciales

Aplicación práctica

Imagine que tiene que instalar unos paneles solares en una vivienda de nueva construcción que colinda con un solar en el que todavía no se ha construido nada. ¿Cree que sería pertinente estudiar la normativa urbanística de la zona antes de llevar a cabo dicha instalación? Razone su respuesta.

SOLUCIÓN

En este caso sería fundamental consultar la normativa urbanística de la zona, ya que es muy importante saber si en el futuro una posible construcción puede proyectar sombra sobre los captadores que se quieren instalar, afectando así negativamente al rendimiento de la instalación fotovoltaica.

5.2. Acumuladores

Cuando la avería venga provocada porque los contactos de la batería se hayan estropeado o deteriorado debido, por ejemplo, al paso del tiempo y a las condiciones meteorológicas o a su utilización, simplemente bastará con sustituirlos en caso necesario o repararlos, ajustarlos, limpiarlos y engrasarlos.

Si se detecta que los defectos son del aislamiento del acumulador, este deberá ser reparado o sustituido en función del nivel de deterioro que tenga.

Si el problema viene de la corrosión, habrá que sustituir los elementos afectados y cuidar y vigilar los elementos más susceptibles y las causas de esa corrosión para evitar que se vuelva a producir.

5.3. Otros elementos mecánicos y eléctricos

A continuación, se analizará la forma de actuar sobre otras averías o fallos comunes, detectados en equipos como inversores o reguladores.

Conexiones flojas

El paso del tiempo puede provocar que las conexiones se aflojen debido a las circunstancias que van sucediendo y al uso que se le da a la instalación. La solución es simplemente el apriete de dichas conexiones mediante las herramientas adecuadas.

En caso de que la conexión se haya aflojado debido a un deterioro de los elementos que la forman, habrá que sustituir los componentes necesarios para restablecer sus características iniciales.

Recuerde

El mantenimiento preventivo permite detectar este tipo de fallos antes de que se produzca una avería en la instalación que produzca su parada.

Contactos oxidados

El óxido suele producirse, sobre todo, por la exposición a la intemperie. Para hacer que estos contactos funcionen correctamente, habrá que eliminar el óxido y proteger las superficies para evitar que se vuelva a producir.

Cables deteriorados

Las condiciones meteorológicas a las que están expuestos los cables y conductores, sobre todo la acción de la radiación ultravioleta, pueden producir el deterioro de los mismos. En ese caso, lo que hay que hacer es cambiarlos por unos nuevos con las características adecuadas para soportar al máximo las condiciones a las que estarán expuestos.

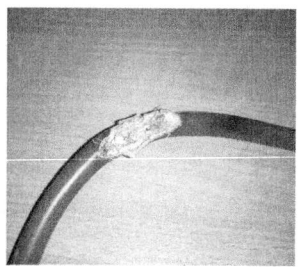

Cable muy deteriorado

Importante

El deterioro del cableado puede incluso afectar a la seguridad y al funcionamiento de la instalación. De ahí la importancia de su pronta reparación.

Piezas de unión sueltas

Cuando el paso del tiempo, el uso y las fuerzas ejercidas sobre las distintas partes de la instalación (por ejemplo, la fuerza ejercida por el viento), provoquen que los tornillos y otras uniones que dan firmeza a las estructuras se aflojen, pudiendo incluso suponer un peligro, habrá que apretar las uniones con las herramientas adecuadas para darles firmeza.

En caso de que falte algún elemento de la unión o este esté deteriorado y de ahí venga el problema, simplemente será sustituido.

Recuerde

Una vez efectuada la reparación, será necesario realizar las pruebas adecuadas para comprobar que esta funciona correctamente y la avería ha sido reparada adecuadamente.

6. Desmontaje y reparación o reposición de elementos mecánicos, eléctricos y electrónicos

Cuando la reparación de la avería suponga el desmontaje y la reposición de determinados elementos mecánicos, eléctricos y/o electrónicos simplemente habrá que proceder como se indique en las instrucciones de uso y mantenimiento para su instalación.

 **Importante**

Cuando se tenga que proceder a la sustitución de algún elemento, se ha de escoger un elemento igual o similar que compatible con la instalación, consultando el proyecto si fuera necesario. De lo contrario, podría afectar a la instalación y a su funcionamiento.

6.1. Consideraciones a tener en cuenta

Habrá que tener presente los siguientes aspectos a la hora de llevar a cabo este tipo de operaciones:

- Utilizar las **herramientas adecuadas** para cada operación concreta. De este modo, obtendrá mejores resultados, la tarea le resultará más fácil y además evitará posibles accidentes.
- El tiempo necesario para llevar a cabo las tareas de reparación de una avería (desmontaje y reparación o reposición de los elementos afectados) será menor si el operario dispone de las **herramientas** necesarias para la ejecución del trabajo y las tiene **ordenadas,** de forma que localizará la que necesite en cada momento de forma rápida.
- Disponer de *stock* suficiente **de repuestos y materiales** en un almacén adecuadamente dimensionado y organizado, para satisfacer las necesidades que puedan surgir ante una avería y no tener que estar esperando a que traigan de fábrica cada uno de los elementos que se necesiten ante una avería, puesto que el paro de la instalación se alargaría enormemente.
- Poseer un **departamento de compras ágil y** unos **proveedores** capaces de facilitar los pedidos en el menor tiempo posible, debido a que normalmente en el almacén no se pueden tener todos los elementos o componentes y a que una vez se utilicen los elementos del almacén, habrá que reponerlos para estar preparados ante una posible avería nueva.

7. Resumen

El presente capítulo ha mostrado al alumno las bases del mantenimiento correctivo, en el que se actúan una vez se ha producido el fallo o avería en la instalación.

Durante el mantenimiento correctivo, el primer paso consiste en diagnosticar la avería y determinar cuál es su origen para así poder actuar sobre él y llevar a cabo la reparación adecuada.

Generalmente, los métodos de reparación de componentes en las instalaciones solares fotovoltaicas consistirán en la sustitución de elementos dañados y en tareas de restablecimiento de propiedades como estaban inicialmente, por ejemplo, apriete de uniones, conexiones, etc. Estas son las operaciones básicas del mantenimiento correctivo.

Ejercicios de repaso y autoevaluación

1. Escriba los inconvenientes que tiene decidirse por un mantenimiento de tipo correctivo.

_____

_____

_____

_____

2. Indique si las siguientes afirmaciones son verdaderas o falsas.

    a. El mantenimiento correctivo se realiza antes de que se produzca un fallo en la instalación solar fotovoltaica.

        ☐ Verdadero
        ☐ Falso

    b. La experiencia y la formación del operario de mantenimiento influirá en el tiempo necesario para que el operario de mantenimiento localice una avería, haga un diagnóstico y decida cómo solucionarla.

        ☐ Verdadero
        ☐ Falso

    c. La generación de ruidos anormales puede ser un aspecto identificador de que se ha producido una avería.

        ☐ Verdadero
        ☐ Falso

3. Si el rendimiento de una instalación solar fotovoltaica disminuye considerablemente, ¿puede deberse a una avería en la instalación?

    a. Sí.
    b. No.
    c. Sí, aunque normalmente no se debe tomar como un síntoma de avería.

4. **Complete las siguientes oraciones con la/s palabra/s adecuada/s.**

   a. Cuando una avería afecta al funcionamiento de la instalación solar fotovoltaica, la avería provocará el_____de la instalación y la
   _____de la producción de energía eléctrica.

   b. Los paneles solares fotovoltaicos pueden presentar averías producidas por el
   deterioro o la rotura del vidrio debido a la realización de un_____
   erróneo, a golpes accidentales o a actos vandálicos.

   c. Cuando las _____o acumuladores se agotan y dejan de funcionar, puede ser porque se han dimensionado por _____de las
   necesidades reales de consumo.

5. **Si se sigue el circuito mediante el puenteo correlativo de cada elemento de protección o control para comprobar la existencia de tensión en los elementos y se detecta
   un fallo en algún elemento, ¿qué hay que hacer?**

   _____
   _____
   _____
   _____

6. **¿Es necesario utilizar las herramientas más adecuadas a cada trabajo de desmontaje
   y reposición de piezas?**

   _____
   _____
   _____
   _____

Capítulo 4

Calidad en el mantenimiento de instalaciones solares fotovoltaicas

Contenido

1. Introducción
2. Calidad en el mantenimiento
3. Herramientas de calidad aplicadas a la mejora de las operaciones de mantenimiento
4. Documentación técnica de la calidad
5. Manual de mantenimiento
6. Resumen

1. Introducción

Los sistemas de gestión de la calidad se basan en el conjunto de normas ISO 9000, donde se nombran palabras como certificación y auditoría, que son términos cada vez más frecuentes dentro de las empresas.

Se puede decir que una norma es un documento que describe un producto o una actividad con el fin de que las cosas sean similares. El cumplimiento de una norma es voluntario, pero conveniente, ya que de esta forma se consiguen objetos o actividades intercambiables, conectables o asimilables.

La norma sirve para describir los parámetros básicos de aquello que normaliza, por lo que puede darse el caso de que, cumpliendo los requisitos mínimos definidos por la norma, dos cosas tengan diferencias importantes o estén adaptadas a unas circunstancias particulares.

2. Calidad en el mantenimiento

La calidad se basa en una serie de normas que se analizarán a continuación. A lo largo del presente epígrafe se intentará mostrar la importancia de implantar un **sistema de gestión de calidad** correcto en cada empresa, acorde a sus objetivos particulares.

 Definición

Calidad
El grado en que un conjunto de características inherentes a un producto (bien o servicio) cumple con los requisitos establecidos por el cliente.

Sistema de gestión de la calidad
Forma en la que una empresa o institución dirige y controla todas las actividades que están asociadas a la calidad.

Las **partes** que componen el sistema de gestión son:

1. Estructura organizativa: departamento de calidad o responsable de la dirección de la empresa.
2. Cómo se planifica la calidad.
3. Los procesos de la organización.
4. Recursos que la organización aplica a la calidad.
5. Documentación que se utiliza.

 Importante

Que una empresa tenga implantado un sistema de gestión de la calidad solo quiere decir que gestiona la calidad de sus productos y servicios de una forma ordenada, planificada y controlada.

Hay que recordar que las **normas** de producto son diferentes a las normas de sistemas de gestión de la calidad:

- Una norma de producto puede ser el marcado CE, la marca N de producto homologado por AENOR o la marca GS de TÜV Product, e indican las características mínimas que el producto cumple en materia de seguridad.
- Por otro lado, hay normas de sistemas de gestión de calidad (ISO 9001), de medioambiente (ISO 14001), del sector de automoción (ISO/TS 16949) y de seguridad (OSHAS).

 Ejemplo

La TS 16949 se aplica en las fases de diseño y desarrollo de un nuevo producto relacionado con el mundo de la automoción. También es posible su aplicación en las fases de producción, instalación y servicio.

Las **ventajas** de implantar un sistema de gestión de la calidad son las siguientes:

- Aumento de beneficios.
- Aumento del número de clientes.
- Motivación del personal.
- Fidelidad de los clientes.
- Organización del trabajo.
- Mejora de las relaciones con los clientes.
- Reducción de costes debidos a la mala calidad.
- Aumento de la cuota de mercado.

2.1. Introducción a las normas ISO 9000

ISO, que es un acrónimo de la *International Standard Organization* u Organización Internacional de Normalización, es un organismo que se dedica a publicar normas a escala internacional y que, partiendo de una norma ya existente de *British Standard,* en concreto la BS-5720, ha venido confeccionando la serie de normas ISO 9000, referidas a los sistemas de la calidad.

Definición

Normas ISO
Son una familia de normas internacionales para gestionar la calidad, desarrollar, implantar y mejorar los sistemas de calidad en las empresas.

En un mercado cada vez más competitivo, poder garantizar que los servicios que se ofrecen son de calidad adquiere más importancia. Cuando una empresa se marca unos objetivos de calidad, deberá establecer también un sistema de calidad que vigile que estos objetivos se alcancen. Sin embargo, si cada empresa establece su propio sistema de calidad, no hay forma de garantizar que ese mercado reconocerá un determinado sistema de calidad como válido para conseguir los objetivos. La solución a este problema radica en que el sistema de calidad adoptado se adapte a otro reconocido, siendo el sistema de calidad más extendido actualmente la serie 9000 de ISO.

Hay que destacar que las normas ISO afectan tanto a productos y servicios como a toda organización para que esta sea más competitiva, rentable y pueda garantizar un futuro. En toda la familia ISO 9000 se da énfasis a la satisfacción de las necesidades del cliente.

Evolución de las normas ISO 9000

Las primeras normas ISO 9000 surgieron en el año 1987, como forma de aunar en un único estándar internacional los diferentes estándares nacionales que hasta el momento se había estado desarrollando, unificando y armonizando los requisitos a cumplir por las empresas para lograr la calidad. Desde entonces han ido evolucionando para adaptarse a las diversas organizaciones.

Así en la versión de 1994, la serie ISO 9000 se componía de cinco normas:

- ISO 9000, de carácter conceptual.
- ISO 9001, ISO 9002 e ISO 9003, de carácter contractual. Especificaban los requisitos mínimos a cumplir por las empresas para establecer y mantener un sistema de gestión de la calidad documentado, dependiendo el estándar a aplicar del tipo de actividad desarrollada por la empresa en cuestión.
- ISO 9004, en la que se establecían directrices para la gestión de la calidad relativas a factores técnicos, administrativos y humando. Se aplicaba cuando la empresa pretendía desarrollar un sistema de gestión de la calidad por razones internas, sin que la empresa tuviera obligación de certificación.

Esta versión de la norma estaba pensada básicamente para empresas que desarrollaban procesos industriales e iban enfocadas a la certificación durante todo el proceso productivo. Se trataba de un proceso poco flexible en el que debían seguirse paso a paso todos los procedimientos e instrucciones y quedar documentados con todo detalle. Junto a estas normas se publicaban también guías de apoyo que, sin tener carácter contractual, contenían directrices que facilitaban y aclaraban diversos aspectos de la implantación del sistema de calidad. Sin embargo, al estar la ISO 9000:1994 principalmente enfocada hacia empresas de producción, su implantación resultaba difícil de aplicar en empresas de servicios, lo que llevó a una nueva revisión de la norma y a la publicación de la ISO 9000:2000.

La ISO 9000:2000 introdujo cambios sustanciales, convirtiéndolas en normas genéricas aplicables a cualquier tipo de organización. Esta nueva versión supuso una simplificación en la estructura de la serie ISO 9000:

- Se mantiene la norma ISO 9000, en la que se recogen los fundamentos y el vocabulario (definiciones, nomenclatura y lenguaje).
- Las normas ISO 9001, ISO 9002 e ISO 9003 de la versión 1994 se unen bajo una única norma ISO 9001, que establece los requisitos para la certificación. Es menos extensa, más comprensible, incluye el concepto de mejora continua y también es más dinámica, ya que está continuamente pendiente de las demandas del cliente, estudiando su grado de satisfacción para proceder a mejorar los procesos. En esta norma se especifican los requisitos que deben aplicar las organizaciones para gestionar la calidad. No se trata de decir qué se debe hacer sino de fijar directrices genéricas que cada organización debe adaptar en función de su naturaleza, tamaño, actividad, objetivos, etc. Es la única de estas normas que es certificable.
- La norma ISO 9004 recoge las directrices para mejorar la eficacia del sistema de gestión de la calidad, siendo más extensa que la de 1994, con ejemplos de buenas prácticas que facilitan el diseño del sistema de gestión de la calidad.

 Importante

Las normas ISO 9001 e ISO 9004 mantienen mucha relación. Mientras la primera establece los requisitos, la segunda ofrece posibilidades e ideas para resolver esos temas en la práctica. Por este motivo, ambas normas mantienen la misma estructura.

La continua evolución de los sistemas hace necesario proceder a la revisión de las normas, manteniendo los requisitos fundamentales, pero introduciendo cambios estructurales que reflejen los modernos enfoques de gestión y mejoren las prácticas organizativas. Por eso, en el año 2008, se produjo la revisión y actualización de la norma ISO 9001 y, en el año 2009, la de las normas ISO 9000 e ISO 9004.

La familia ISO 9000 que está en vigor en la actualidad está compuesta por las siguientes normas:

- ISO 9000:2015 "Sistemas de gestión de la calidad. Fundamentos y vocabulario.".
- ISO 9001:2015 "Sistemas de gestión de la calidad. Requisitos".
- ISO 9004:2009 "Gestión para el éxito sostenido de una organización. Enfoque de gestión de la calidad".

COMPOSICIÓN DE LAS NORMAS ISO DESDE SU ORIGEN

Versión 1987

Documento	Contenido
ISO 9000: 1987	Normas para la gestión y el aseguramiento de la calidad. Directrices para su selección y utilización.
ISO 9001: 1987	Modelo para la garantía de calidad en el diseño/ desarrollo, producción, instalación y servicio post-venta.
ISO 9002: 1987	Modelo para la garantía de calidad en la producción, instalación y servicio post-venta.
ISO 9003: 1987	Modelo para la garantía de calidad de calidad en la inspección final y pruebas.

Versión 1994

Documento	Contenido
ISO 9000: 1994	Normas para la gestión y el aseguramiento de la calidad. Directrices para su selección y utilización.

Continúa en página siguiente >>

<< Viene de página anterior

COMPOSICIÓN DE LAS NORMAS ISO DESDE SU ORIGEN	
ISO 9001: 1994	Modelo para la garantía de calidad en el diseño/ desarrollo, producción, instalación y servicio post-venta.
ISO 9002: 1994	Modelo para la garantía de calidad en la producción, instalación y servicio post-venta.
ISO 9003: 1994	Modelo para la garantía de calidad de calidad en la inspección final y pruebas.
ISO 9004: 1994	Gestión y elementos de un sistema de calidad. Reglas generales.
Versión 2000	
Documento	**Contenido**
ISO 9000: 2000	Sistemas de gestión de la calidad. Fundamentos y vocabulario.
ISO 9001: 2000	Sistemas de gestión de la calidad. Requisitos.
ISO 9004: 2000	Sistemas de gestión de la calidad. Directrices para la mejora del desempeño.
Versión 2009	
Documento	**Contenido**
ISO 9000: 2009	Sistemas de gestión de la calidad. Fundamentos y vocabulario.
ISO 9001: 2008	Sistemas de gestión de la calidad. Requisitos.
ISO 9004: 2009	Sistemas de gestión de la calidad. Directrices para la mejora del desempeño.
Versión 2015	
Documento	**Contenido**
ISO 9000, 2015	Sistemas de gestión de la calidad. Fundamentos y vocabulario.
ISO 9001, 2015	Sistemas de gestión de la calidad. Requisitos.

La familia de normas ISO 9000 ha sido elaborada por un equipo de expertos, conocido como Comité Técnico ISO/TC 176. Para formar parte de este comité, hay que ser un gran experto y conocedor de los sistemas de gestión de la calidad.

 **Nota**

La norma ISO 9001 puede ser certificada por organismos independientes y, aunque la estructura de la ISO 9004 es parecida, esta no es certificable para una organización.

2.2. Pliegos de prescripciones técnicas y control de la calidad

El pliego de condiciones de un proyecto es, desde el punto de vista legal y contractual, el documento más importante del proyecto a la hora de su ejecución material.

Los planos reflejan lo que hay que hacer, pero son las especificaciones de materiales y equipos, y las de ejecución, las que establecen cómo y con qué hay que hacerlo.

El pliego de condiciones regula las relaciones entre el propietario, promotor del proyecto, y los contratistas que lo van a ejecutar. Deberá contener toda la información necesaria para que esas relaciones sean lo más fructíferas posible, máxime teniendo en cuenta la importancia de la componente económica en las mismas.

El pliego de condiciones debe describir las condiciones generales del trabajo, la descripción del mismo, los planos que lo definen, la localización y emplazamiento.

El pliego señala los derechos, obligaciones y responsabilidades mutuas entre la Propiedad y la Contrata y constituye el anejo fundamental del contrato que ambas suscriben. Precisa el modus operandi durante el desarrollo de los trabajos, colabora en evitar discusiones costosas e innecesarias y ayuda a tomar decisiones con rapidez y eficacia.

El pliego suele dividirse, como la memoria, en distintas partes, habitualmente tres:

- Pliego de condiciones generales.

  - Legales.
  - Administrativas.

- Pliego de prescripciones técnicas particulares.

  - Especificaciones de materiales y equipos.
  - Especificaciones de ejecución.

- Pliego de cláusulas administrativas particulares.

  - Condiciones económicas.

 Recuerde

El pliego de condiciones debe describir las condiciones generales del trabajo, la descripción del mismo, los planos que lo definen, la localización y emplazamiento.

Es el documento más importante del proyecto desde el punto de vista legal y contractual, y especifica la forma de ejecución material de la obra.

A continuación, la explicación se centrará en desarrollar el pliego de prescripciones técnicas particulares.

Pliego de prescripciones técnicas particulares

El pliego de prescripciones técnicas particulares dispone de dos apartados perfectamente diferenciados:

Especificaciones de materiales y equipos

Aquí aparecerán perfectamente definidos todos los materiales, equipos, máquinas, instalaciones, etc., que constituyen el proyecto.

La definición se hará en función de códigos y reglamentos reconocidos como válidos para el proyecto. En aquellos que no sean de aplicación, se definirán expresamente todos los elementos que sean necesarios.

Las especificaciones hacen referencia a normas y reglamentos oficiales u oficiosos españoles (UNE, Normas MOPU, CTE, REBT, etc.) y extranjeras o internacionales (DIN, ISO, etc.).

Especificaciones de ejecución

La ejecución material del proyecto, su fabricación o construcción a partir de los materiales especificados en el apartado anterior se definirá exactamente en este apartado. Si en el punto anterior se concreta lo que se va a utilizar en el proyecto, en este hay que definir cómo se va a utilizar.

 Recuerde

El pliego de prescripciones técnicas particulares dispone de dos apartados perfectamente diferenciados:

1. Especificaciones de materiales y equipos.
2. Especificaciones de ejecución.

3. Herramientas de calidad aplicadas a la mejora de las operaciones de mantenimiento

El presente texto trata de facilitar la planificación de un sistema de gestión de la calidad según la norma. Para ello se contempla, apartado por apartado, la totalidad de la norma ISO 9001-2015.

La norma ISO 9001:2015 consta de los siguientes grandes artículos:

- Contexto de la organización
- Liderazgo
- Planificación
- Soporte
- Operaciones
- Evaluación del desempeño
- Mejora

3.1. Contexto de la organización

El contexto de la empresa es un nuevo requisito de la norma ISO 9001 2015, ya que señala que la organización debe considerar todos los aspectos internos y externos que pueden influir en los objetivos estratégicos y la planificación del **Sistema de Gestión de la Calidad.**

Comprensión de la organización y su contexto

Es necesario que la organización determine las cuestiones internas y externas que son pertinentes para su propósito y dirección estratégica, y que influyen en su capacidad para lograr los resultados previstos de su sistema de gestión de la calidad.

La organización debe seguir y revisar las cuestiones internas y externas.

La consideración de cuestiones que surgen del entorno legal, tecnológico, competitivo, cultural, social, etc., pueden facilitar el conocimiento del contexto externo, ya sea internacional, nacional, regional o local.

Por otro lado, el considerar cuestiones de valores, conocimientos y desempeño de la organización pueden facilitar el conocimiento del contexto interno.

Comprensión de las necesidades y expectativas de las partes interesadas

Debido a su impacto o impacto potencial en la capacidad de la organización de proporcionar coherentemente productos y servicios que satisfagan las necesidades y exigencias del cliente y los requisitos legales y reglamentarios aplicables, es necesario que la organización determine:

- Las partes interesadas que son pertinentes al sistema de gestión de calidad.
- Los requisitos de cada una de esas partes interesadas que son pertinentes para el sistema de gestión de la calidad.

Importante

Es necesario que la organización lleve a cabo un seguimiento y revisión de la información sobre las partes interesadas y sus requisitos pertinentes.

Es importante tener en cuenta que, en esta nueva versión de la norma no se habla únicamente de clientes, sino también de partes interesadas. Esto significa que será necesario identificar a todas las organizaciones, instituciones, individuos, etc., relevantes para el Sistema de Gestión de la Calidad, así como determinar sus requisitos, realizar un seguimiento y revisarlos. Por ejemplo, según esta norma una parte interesada puede ser un ministerio, una comunidad, una entidad de normalización, etc.

Determinación del alcance del sistema de la calidad

Es necesario que la organización determine los límites y la aplicabilidad del sistema de gestión de la calidad con el fin de establecer su alcance. Cuando lo haga, la organización debe considerar:

- Las cuestiones externas e internas enunciadas anteriormente.
- Los requisitos de las partes interesadas pertinentes referidos en el punto anterior.
- Los productos y servicios de la organización.

Cuando pueda aplicarse un requisito de la presente norma que se encuentre dentro del alcance determinado, este deberá ser aplicado por la organización.

De este modo, considerando la totalidad de los aspectos externos e internos determinados anteriormente, así como los requisitos de las partes interesadas, es necesario determinar si el alcance está justificado e incorporarlo en el sistema, ya que si hay posibilidad de aplicarlo, hay que llevarlo a cabo.

Si uno o más requisitos no pueden aplicarse, esto no debe influir en la capacidad de la organización o en la responsabilidad para asegurarse la conformidad de los productos y servicios.

El alcance siempre tiene que estar disponible y mantenerse como información documentada, en la cual debe establecerse

- Los productos y servicios que están cubiertos por el sistema de gestión de la calidad.
- La justificación para cada caso en el que un requisito de la presente norma no pueda ser aplicado.

En este caso, no están definidos los requisitos que no puedan ser aplicados, pero pueden tener cabida, siempre que se justifique y documente de manera adecuada.

Sistema de gestión de la calidad y sus procesos

Es necesario que la organización establezca, implemente, mantenga y mejore continuamente un sistema de gestión de la calidad, incluidos los procesos necesarios y sus interacciones, según establezcan los requisitos de la norma.

La organización tiene que establecer los procesos que el sistema de gestión de la calidad necesita, así como su aplicación a través de la organización, y debe determinar:

a. Los elementos de entrada que se requieren y los elementos de salida que se esperan de estos procesos.

b. La secuencia e interacción de estos procesos.

c. Los criterios, métodos, incluyendo las mediciones y los indicadores de las actividades relacionadas, necesarios para garantizar la operación eficaz y el control de estos procesos.

d. Los recursos necesarios, así como su disponibilidad

e. La asignación de cada responsabilidad y autoridad para estos procesos.

f. Los riesgos y oportunidades de acuerdo con los requisitos que se enunciarán más adelante, y la planificación e implementación de las acciones adecuadas para tratarlos.

g. Los métodos para llevar a cabo el seguimiento, mediciones, cuando sea apropiado, y evaluación de los procesos y, si es necesario, los cambios en los procesos para asegurarse de que se alcanzan los resultados previstos.

h. Oportunidades de mejora, tanto de los procesos como del sistema de gestión de la calidad.

La organización tiene que mantener información documentada en la medida necesaria para apoyar la operación de los procesos y mantener la información documentada necesaria para tener la confianza de que los procesos se realizan según lo planificado.

3.2. Liderazgo

A continuación, se expone brevemente lo que dice la norma acerca del liderazgo.

Liderazgo y compromiso

Como se verá a continuación, esta norma señala que el líder tiene una unidad de propósito, una dirección y debe generar el ambiente interno de la organización necesario para lograr los objetivos.

Liderazgo y compromiso para el sistema de gestión de la calidad

La alta dirección debe demostrar liderazgo y compromiso con respecto al sistema de gestión de la calidad:

a. Responsabilizándose de la eficacia del sistema de gestión de la calidad.
b. Garantizando que se establezca la política de calidad y los objetivos de la calidad y que estos sean compatibles con la dirección estratégica y el contexto de la organización.
c. Asegurando que la política de la calidad se comunica, entiende y aplica dentro de la organización.
d. Garantizando la integración de los requisitos del sistema de gestión de la calidad en los procesos de negocio de la organización.
e. Promoviendo la concienciación del enfoque basado en procesos.
f. Asegurando la disponibilidad de los recursos necesarios para el sistema de gestión de la calidad.
g. Dando a conocer la importancia de una gestión de la calidad eficaz y conforme con los requisitos del sistema de gestión de la calidad a implantar.
h. Garantizando que el sistema de gestión de la calidad alcance los resultados que se esperan.
i. Involucrando, dirigiendo y apoyando a las personas, para que contribuyan a que el sistema de gestión sea más eficaz.
j. Promoviendo la mejora continua.

k. Dando apoyo a otros roles que correspondan de la dirección, para demostrar su liderazgo aplicado a sus responsabilidades.

Enfoque al cliente

La alta dirección tiene la obligación de demostrar liderazgo y compromiso con respecto al enfoque al cliente, asegurándose de que:

a. Se determinan y se cumplen los requisitos del cliente y los legales y reglamentarios que se pueden aplicar.
b. Se determinan y se tratan los riesgos y oportunidades que pueden influir en la conformidad de los productos y servicios, y a la capacidad de incrementar la satisfacción del cliente.
c. Se mantiene la atención enfocada en proporcionar coherentemente productos y servicios que satisfacen los requisitos del cliente y los legales y reglamentarios que se pueden aplicar.
d. Se mantiene la atención puesta en mejorar la satisfacción del cliente.

Los líderes crean las condiciones en las que los demás se implican para alcanzar los objetivos de la calidad de la organización.

Política de calidad

La alta dirección debe establecer, revisar y mantener una política de calidad que:

a. Sea adecuada para el fin y al contexto de la organización.
b. Proporcione un marco de referencia para el establecimiento, así como una revisión de los objetivos de la calidad.
c. Incluya el compromiso de alcanzar los requisitos que se apliquen.
d. Incluya el compromiso de mejorar continuamente el sistema de gestión de calidad.

Por otro lado, es necesario que la política de calidad:

a. Esté disponible como información correctamente documentada.
b. Se comunique, entienda y aplique dentro de la organización.
c. Goce de disponibilidad para las correspondientes partes interesadas, según sea apropiado.

Roles, responsabilidades y autoridades en la organización

Es necesario que la alta dirección se asegure de que las responsabilidades y autoridades para los roles que correspondan sean asignados, comunicados y entendidos dentro de la organización.

La alta dirección tiene que asignar la responsabilidad y autoridad para:

a. Asegurarse de que el sistema de gestión de la calidad es conforme con los requisitos de esta norma.
b. Asegurarse de que los procesos están dando los elementos de salida previstos.
c. Informar acerca del desempeño del sistema de gestión de la calidad, las oportunidades de mejora y sobre la necesidad de cambio o innovación, con especial énfasis en mantener informada, así mismo a la alta dirección.
d. Asegurarse de que el enfoque al cliente es promovido a través de la organización.

e. Asegurarse de que se mantiene la integridad del sistema de gestión de la calidad cuando se planifican e implementan modificaciones en el mismo.

Importante

La creación de la unidad de propósito, la dirección y la implicación hacen que sea posible que una organización alinee sus estrategias, políticas, procesos y recursos para alcanzar sus objetivos.

3.3. Planificación para el sistema de gestión de la calidad

Esta es una sección totalmente nueva en esta versión de la norma. En la misma, se agrupan todos los requisitos relacionados con la planificación en un Sistema de Gestión de la Calidad.

Acciones para tratar riesgos y oportunidades

En la planificación de un sistema de gestión de calidad, la organización debe tener en cuenta las cuestiones referidas en el apartado "Comprensión de la organización y su contexto" y los requisitos referidos en el apartado "Comprensión de las necesidades y expectativas de las partes interesadas", y determinar los riesgos y oportunidades que hay que tratar con el fin de:

a. Garantizar que el sistema de gestión de la calidad pueda alcanzar los resultados previstos.
b. Prevenir o reducir efectos indeseados.
c. Lograr la mejora continua.

Por otro lado, es necesario que la organización planifique:

a. Las acciones para tratar los riesgos y oportunidades enunciados anteriormente.

b. La manera de:

1. Integrar e implementar las acciones en sus procesos del sistema de gestión de la calidad.
2. Evaluar la eficacia de dichas acciones.

Las acciones determinadas para tratar los riesgos y oportunidades tienen que ser proporcionales al impacto potencial en la conformidad de los productos y los servicios.

 Nota

Para tratar los riesgos y oportunidades se pueden recurrir a acciones tales como: evitar riesgos, asumir riesgos para perseguir una oportunidad, eliminar la fuente de riesgo, cambiar la probabilidad o las consecuencias, compartir el riesgo o mantener riesgos mediante decisiones informadas.

La nueva ISO 9001:2015 no obliga a que se desarrolle un Sistema de Gestión de Riesgos, sino que sea la organización la que identifique los riesgos que pueden influir en el sistema de calidad y la conformidad del producto o servicio, de manera que el sistema pueda ser planificado en base a esta información.

Dicho de otro modo, lo que la norma exige es un sistema de gestión enfocado y basado en riesgos en lugar de un sistema para gestionar riesgos.

También es importante tener en cuenta que en la nueva versión de la norma se habla de oportunidades que surgen cuando hay que enfrentarse a los riesgos. Cuando se habla de riesgos, generalmente se asocia a algo negativo que es necesario eliminar, pero también se pueden disponer de oportunidades que quieran incrementar su impacto o frecuencia de que ocurran, y estas oportunidades también tienen que identificarse en esta planificación. Por esta razón, la nueva versión de la norma considera que los riesgos no son únicamente amenazas, sino también como posibles oportunidades.

En esta norma se hace hincapié en la utilidad de un sistema de gestión de la calidad, como herramienta preventiva que favorezca la planificación a todos los niveles.

Objetivos de la calidad y planificación para lograrlos

Es necesario que la organización establezca los objetivos de la calidad en las funciones, niveles y procesos que sean pertinentes.

Los objetivos de la calidad tienen que:

a. Tener coherencia con la política de la calidad.
b. Ser medibles.
c. Considerar los requisitos aplicables.
d. Ser pertinentes para la conformidad de los productos y servicios y para el incremento de la satisfacción del cliente.
e. Ser objeto de seguimiento.
f. Ser comunicados.
g. Ser actualizados, según sea conveniente.

Nota

La organización debe conservar documentos informativos relacionados con los objetivos de la calidad.

En el momento en el que se lleva a cabo la planificación para lograr sus objetivos de la calidad, es necesario que la organización determine:

a. Lo que se va a hacer.

b. Qué recursos serán necesarios.

c. La persona responsable.

d. Cuándo se finalizará.

e. La manera en la que se evaluarán los resultados.

 Nota

Este punto contiene básicamente los mismos requisitos de la anterior versión de la norma (ISO 9001:2008) relacionados a los objetivos de la calidad. La única diferencia que existe es que, en la actual versión, se hace más hincapié en la planificación como herramienta para garantizar el logro de los objetivos. Es decir, ahora hay que definir lo que se va hacer, lo que es necesario, la persona responsable, cuándo se finalizará y cómo se evaluarán los resultados.

Objetivos de la calidad y planificación para alcanzarlos

Cuando se determine la necesidad de cambios en el sistema de gestión de la calidad por parte de la organización, el cambio se efectuará de manera planificada y sistemática.

Es necesario que la organización considere:

a. El motivo del cambio y cualquiera de sus potenciales consecuencias.
b. La integridad del sistema de gestión de la calidad.
c. La disponibilidad de recursos.
d. La asignación o reasignación de responsabilidades y autoridades.

 Nota

En esta versión de la norma se hace más explícita la necesidad de llevar a cabo una planificación de los cambios que sucedan en la organización, teniendo en cuenta: las consecuencias de estos cambios, la integridad del Sistema de Gestión de la Calidad, la disponibilidad de recursos y la asignación de responsabilidades.

3.4. Soporte

Después de tener en cuenta el contexto, el compromiso y la planificación, es necesario considerar el soporte necesario para alcanzar los objetivos y metas del sistema de gestión de la calidad.

Recursos

Es necesario que la organización determine y proporcione los recursos que sean necesarios para el establecimiento, implementación, mantenimiento y mejora continua del sistema de gestión de la calidad.

Generalidades

Es muy importante que la organización considere:

a. Las capacidades que tienen los recursos internos existentes, así como sus limitaciones.

b. Lo que es necesario obtener de los proveedores externos.

En definitiva es muy importante determinar y proporcionar los recursos, tanto internos como externos que se necesitan para establecer, implementar, mantener y mejorar de forma continua un sistema de gestión de la calidad.

Personas

Para garantizar que la organización puede cumplir de manera coherente los requisitos del cliente, así como los legales y reglamentarios que sean aplicables, la organización tiene que proporcionar el personal necesario para la operación eficaz del sistema de gestión de la calidad, incluidos los procesos necesarios.

Para que un sistema de gestión de la calidad sea eficiente tiene que estar sustentado por las personas adecuadas, en cuya ausencia, la utilidad del mismo se verá claramente afectada.

Infraestructura

La organización tiene que determinar, proporcionar y mantener la infraestructura para la operación de sus procesos, con el fin de alcanzar la conformidad de los productos y servicios.

 Nota

La infraestructura puede incluir: edificios, servicios asociados, equipo, *(hardware* y *software),* transporte, tecnología de la información, etc.

La relevancia que tiene cada elemento de la infraestructura variará según cada organización e ítem concreto, y será la propia organización la que determine qué y cómo deben mantenerse para alcanzar el desarrollo eficaz y la continua mejora del sistema de gestión de la calidad

Ambiente para la operación de los procesos

Es necesario que la organización determine, proporcione y mantenga el ambiente necesario para la operación de sus procesos y para lograr la conformidad de los productos y servicios.

El ambiente para la operación de los procesos puede incluir: factores físicos, sociales, psicológicos, ambientales y otros tales como: temperatura, humedad, ergonomía, limpieza, etc.

Recursos de seguimiento y medición

Cuando el seguimiento o la medición se emplean para la evidencia de la conformidad de los productos y servicios respecto a los requisitos especificados, la organización tiene que determinar los recursos que son necesarios para asegurarse de la validez y fiabilidad de los resultados obtenidos en el seguimiento y la medición.

La organización tiene que garantizar que los recursos proporcionados:

a. Son adecuados para el tipo específico de actividades de seguimiento y medición llevadas a cabo.

b. Se mantienen para garantizar la adecuación continuada para su propósito.

Es necesario que la organización mantenga la adecuada información documentada como evidencia de la adecuación para el propósito del seguimiento y medición de los recursos.

Cuando la trazabilidad de las mediciones sea: un requisito legal o reglamentario; una expectativa del cliente o de una parte interesada pertinente; o es considerada por la organización como parte esencial para proporcionar confianza en la validez de los resultados de la medición; los instrumentos de medición tienen que:

■ Verificarse o calibrarse a intervalos especificados o antes de su utilización, comparado con patrones de medición trazables a patrones de medición internacionales o nacionales. Cuando estos patrones no existan, hay que mantener como información documentada la base utilizada para la calibración o la verificación.
■ Identificarse para determinar el estado de calibración.
■ Protegerse contra ajustes, daño o deterioro que pudieran hacer que el estado de calibración y los posteriores resultados de la medición quede invalidado.

La organización tiene que determinar si ha sido perjudicada la validez de los resultados de medición cuando un instrumento se considere defectuoso durante su verificación o calibración planificada, o durante su uso, y desempeñar las acciones correctivas que sean adecuadas cuando sea necesario.

Conocimientos organizativos

Es necesario que la organización determine los conocimientos necesarios para la operación de sus procesos y para lograr la conformidad de los productos y servicios. Dichos conocimientos tienen que mantenerse y ponerse a disposición en la medida de lo necesario.

Cuando se tratan necesidades de cambio y tendencias, la organización tiene la obligación de considerar sus conocimientos actuales y determinar la manera de adquirir o acceder a los conocimientos adicionales que se requieren.

 Nota

NOTA 1: Los conocimientos organizativos pueden incluir información como propiedad intelectual y lecciones aprendidas.

NOTA 2: Para adquirir los conocimientos que se requieran, la organización puede considerar:

a. Fuentes internas, como por ejemplo: aprender de los fracasos y de proyectos de éxito, obtener conocimientos no documentados, así como la propia experiencia de expertos en materias de actualidad dentro de la organización.
b. Fuentes externas, como pueden ser: normas, conferencias, recopilación de conocimientos con clientes o proveedores, etc.

Competencia

Es necesario que la organización:

a. Determine la competencia necesaria del personal que realiza, bajo su control, un trabajo que influye en su desempeño de la calidad.
b. Asegure que este personal sea competente. Para ello, debe asarse en la educación, formación o experiencia relacionada.
c. Tome acciones, cuando sea aplicable, para adquirir la competencia necesaria y evaluar la eficacia de las acciones tomadas.
d. Conserve la información documentada que sea apropiada, como evidencia de la competencia.

 **Nota**

Las acciones aplicables en este caso pueden incluir, por ejemplo, la formación, la tutoría o la resignación de las personas que son empleadas en la actualidad o bien, la contratación de personas competentes.

Toma de conciencia

Las personas que desempeñan el trabajo bajo el control de la organización tienen que tomar conciencia de:

a. La política de la calidad.
b. Los objetivos de la calidad pertinentes.
c. Su contribución a la eficacia del sistema de gestión de la calidad, incluyendo los beneficios de una mejora del desempeño de la calidad.
d. Las implicaciones de no cumplir los requisitos del sistema de gestión de la calidad.

En esta nueva versión de la norma se incluyen, como novedad, las implicaciones de no cumplir con los requisitos del sistema de gestión de calidad.

Comunicación

La organización tiene que determinar las comunicaciones internas y externas que sean pertinentes al sistema de gestión de la calidad, que incluyan:

a. El contenido de la comunicación.
b. Cuándo comunicar.
c. A quién comunicar.
d. Cómo comunicar.

3.5. Operación

En general, este apartado de la norma está orientado a planificar, implementar y controlar los procesos requeridos por el sistema, incluyendo las modificaciones que sean requeridas.

Planificación y control operacional

La organización debe planificar, implementar y controlar los procesos (de la manera en la que se indica en el apartado "Sistema de gestión de la calidad y sus procesos") necesarios para cumplir los requisitos para la producción de productos y prestación de servicios y para implementar las acciones determinadas en el apartado "Acciones para tratar riesgos y oportunidades" mediante lo que se indica a continuación:

a. Determinando los requisitos del producto y los servicios.
b. Estableciendo criterios para los procesos y para la aceptación de los productos y servicios.
c. Determinando los recursos que se necesitan para lograr la conformidad para los requisitos de los productos y servicios.
d. Implementando el control de los procesos según los criterios correspondientes.
e. Manteniendo información documentada según sea necesario para garantizar que los procesos se han llevado a cabo según lo planificado y para demostrar la conformidad de los productos y servicios respecto a los requisitos.

El elemento de salida de esta planificación debe ser adecuada para las operaciones de la organización.

La organización tiene que tener control sobre los cambios planificados y revisar las consecuencias de los cambios no previstos, llevando a cabo acciones para mitigar los efectos adversos, cuando sea necesario.

La organización debe asegurarse de que los procesos contratados de manera externa están controlados de acuerdo con el apartado "Control de los productos y servicios suministrados externamente" (ver más adelante).

 Nota

En este apartado se habla de que la organización tiene que planificar de manera adecuada las operaciones de su actividad y, además, debe controlar cualquier modificación no planificada al principio.

Este control también es útil para establecer medidas que eliminen problemas originados a nivel de planificación.

La planificación de la actividad se lleva a cabo según los criterios establecidos en el texto de la norma.

Determinación de los requisitos para los productos y servicios

Esta cláusula no es nueva en la presente versión de la norma pero, en este caso, es más prescriptiva, ya que en esta versión, además de determinar los requisitos especificados por el cliente, los legales y reglamentarios, etc., también define de manera más extensa la subcláusula de **comunicación con el cliente.**

Comunicación con el cliente

La organización tiene que establecer los procesos para la comunicación con los clientes relativos a:

a. La información relativa a los productos y servicios.
b. Las consultas, contratos o atención de pedidos, incluyendo las quejas de los clientes.
c. Obtener los puntos de vista y las percepciones de los clientes, incluyendo las quejas de los mismos.
d. La manipulación o el tratamiento de las propiedades del cliente, si es aplicable.
e. Los requisitos que son específicos para las acciones de contingencia, cuando sea pertinente.

Según esta norma, la organización es la encargada de desarrollar los planes de comunicación con el cliente, siempre que se trate de los temas numerados anteriormente.

Revisión de los requisitos relacionados con el producto

La organización tiene que establecer, implementar y mantener un proceso para determinar los requisitos para los productos y servicios que se van a ser ofrecidos a los clientes potenciales.

La organización debe asegurarse de que:

a. Los requisitos para los productos y los servicios se deben definir:

   ▪ Los requisitos legales y la reglamentación que sea aplicable.
   ▪ Los servicios o productos que la organización considere como necesarios.

b. Tiene la capacidad de cumplir los requisitos definidos y justificar las reclamaciones de los productos y servicios que ofrece.

 Nota

En este punto de la norma, se explica que los procesos que son desarrollados por la organización y que, posteriormente serán ofrecidos a los clientes, tienen que seguir unos requisitos concretos. Estos requisitos se establecerán por la organización y no únicamente tendrán que hacer referencia a las características del producto y del servicio, sino que también a la manera de resolver quejas sobre los mismos.

Revisión de los requisitos relacionados con los productos y servicios

La organización debe revisar, según sea aplicable:

a. Los requisitos específicos por el cliente, incluyendo los requisitos para las actividades de entrega y las posteriores a la misma.
b. Los requisitos que no sean establecidos por el cliente, pero que son necesarios para el uso especificado o para el uso previsto, cuando este sea conocido.
c. Los requisitos legales y reglamentarios adicionales aplicables a los productos y servicios.
d. Las diferencias que existen entre los requisitos de contrato o pedido y los expresados previamente.

Esta revisión tiene que llevarse a cabo antes de que la organización se comprometa a proporcionar productos o servicios al cliente. Además, debe asegurarse de que se solventan las diferencias existentes entre los requisitos de contrato o pedido y los expresados con anterioridad.

Cuando el cliente no facilite una declaración documentada de los requisitos, la organización tiene que confirmarlos antes de la aceptación.

Es necesario mantener la información documentada que describe los resultados de la revisión, incluyendo cualquier requisito nuevo o modificado para los productos y servicios.

Cuando se modifiquen los requisitos de los productos y servicios, es necesario que la organización se asegure de que la información documentada pertinente sea modificada y que el personal correspondiente tenga constancia de los requisitos modificados.

 Nota

En este punto de la norma se explica que la organización tiene la obligación de revisar los requisitos de sus productos, ya sean especificados por el cliente, necesarios para la organización, de carácter legal o normativo, o identificación de cambios respecto a los planteados al principio.

Esta revisión siempre tiene que llevarse a cabo antes de establecer compromisos con el cliente, y además es fundamental que se solventen las diferencias ocasionadas hasta el momento de firmar el contrato.

Por parte de la organización, siempre tiene que existir evidencia de los requisitos que el cliente solicita. En caso de que este no los proporcione documentalmente, la organización tiene la obligación de confirmarlos. Además, todas las modificaciones y revisiones de los mismos tienen que estar correctamente actualizadas y documentadas.

Diseño y desarrollo de los productos y servicios

La norma también establece una serie de cláusulas relacionadas con el diseño y desarrollo de productos y servicios.

Generalidades

Cuando el cliente u otras partes interesadas todavía no han establecido o definido los requisitos detallados de los productos y servicios de la organización, así como si estos son adecuados para la producción y prestación del servicio, la organización tiene que establecer, implementar y mantener un proceso de diseño y desarrollo.

Cuando el cliente no especifica cuáles son los requisitos que deben tener los productos o servicios asociados, es la organización la encargada de establecer un plan de diseño y desarrollo de los mismos.

Planificación del diseño y desarrollo

Al establecer las etapas y controles para el diseño y desarrollo, la organización tiene que considerar:

a. La naturaleza, duración y complejidad de las actividades de diseño y desarrollo.

b. Los requisitos que especifican etapas del proceso particulares, incluyendo las revisiones de diseño y desarrollo que sean aplicables.

c. La verificación y validación del diseño y desarrollo que se requiera.

d. Las responsabilidades y autoridades implicadas en el proceso de diseño y desarrollo.

e. El control de las interfaces entre los individuos y las partes implicadas en el proceso de diseño y desarrollo.

f. La necesidad de la participación del cliente y de grupos de usuarios en el proceso de diseño desarrollo.

g. La documentación necesaria para la confirmar que se han cumplido los requisitos de diseño y desarrollo.

Elementos de entrada para el diseño y desarrollo

La organización tiene que determinar:

a. Requisitos fundamentales para el tipo específico de productos y servicios diseñados y desarrollados incluyendo, cuando sea aplicable, requisitos funcionales y de desempeño.
b. Los requisitos legales y reglamentarios aplicables.
c. Normas o códigos de prácticas que la organización se ha comprometido a implementar.
d. Las necesidades de recursos internos y externos para el diseño y desarrollo de los productos y servicios.
e. Las consecuencias potenciales del fracaso debido a la naturaleza de los productos y servicios.
f. El nivel de control del proceso de diseño y desarrollo esperado por los clientes y otras partes interesadas pertinentes.

Los elementos de entrada tienen que ser adecuados para los fines de diseño y desarrollo, estar completos y sin ambigüedades. También es necesario que se resuelvan los conflictos entre elementos de entrada.

 Nota

En resumen, en este punto de la norma se especifican cuáles son los elementos que son necesarios para poder llevar a cabo el diseño; estos son: los requisitos específicos, los requisitos legales, las prácticas de implementación a las que se ha comprometido la organización, las necesidades internas y externas para llevar a cabo el diseño, las consecuencias potenciales de fracaso y los controles a realizar.

Controles del diseño y desarrollo

Los controles aplicados al proceso de diseño y desarrollo deben asegurarse de que:

a. Los resultados a lograr por las actividades y desarrollo están claramente definidas.

b. Las revisiones del diseño y desarrollo se realizan según lo planificado.

c. La verificación se realiza para asegurarse de que los elementos de salida del diseño y desarrollo cumplen los requisitos de los correspondientes elementos de entrada.

d. La validación se lleva a cabo para garantizar que los productos y servicios resultantes tienen la capacidad de satisfacer los requisitos para su aplicación especificada o uso previsto (cuando se conozca).

 Nota

Este punto trata sobre cuáles aspectos cubren los controles del diseño y desarrollo. En general, se puede afirmar que se tiene en cuenta cuáles son los resultados de las actividades a conseguir, el momento en el que deben realizarse las revisiones y la función que tiene la verificación y validación del proceso.

Elementos de salida del diseño y desarrollo

La organización tiene que garantizar que los elementos de salida del diseño y desarrollo:

a. Cumplen los requisitos de los correspondientes elementos de entrada.

b. Son adecuados para los procesos posteriores a la provisión de productos y servicios.

c. Incluyen o hacen referencia a los requisitos de seguimiento y medición, así como a los criterios de aceptación, cuando sea aplicable.

d. Asegurarse de que los productos a generar o los servicios a prestar son adecuados para el propósito previsto y para su uso seguro y correcto.

La organización tiene que mantener la información documentada resultante del proceso de diseño y desarrollo.

Respecto a los elementos de salida, la organización tiene que asegurarse, antes de dar por satisfecho el diseño, que se cumplen los aspectos enumerados en el texto.

 Recuerde

Es imprescindible documentar los resultados obtenidos del diseño y desarrollo.

Cambios del diseño y desarrollo

Es necesario que la organización revise, controle e identifique los cambios hechos en los elementos de entrada y salida del diseño durante el proceso de diseño y desarrollo de los productos y servicios o bien, posteriormente, siempre y cuando no haya un impacto perjudicial en la conformidad con los requisitos.

 **Importante**

Se debe mantener la información documentada sobre los cambios del diseño y desarrollo.

En este punto se hace hincapié en la importancia que tiene la organización en llevar a cabo un control de todos los cambios que se hayan producido en cualquier punto del diseño y desarrollo, logrando de este modo que no sucedan incompatibilidades en la conformidad de los requisitos.

Control de los productos y servicios suministrados externamente

En este apartado de la norma se identifica un cambio importante respecto a la versión anterior, ya que hay una redefinición del concepto. En la versión 2008 de la norma se hablaba de productos comprados y en esta se habla de "productos y servicios suministrado externamente".

Generalidades

La organización tiene que asegurarse de que los procesos, productos y servicios suministrados externamente son conformes a los requisitos especificados.

La organización tiene que aplicar los requisitos especificados para el control de los productos y servicios suministrados externamente cuando:

a. Los productos y servicios son proporcionados por proveedores externos para ser incorporados dentro de los propios productos y servicios de la organización.
b. Los productos y servicios se proporcionan directamente a los clientes por proveedores externos en nombre de la organización.
c. Un proceso o una parte de un proceso es proporcionado por un proveedor externo por decisión de la organización para llevar a cabo un control externo de un proceso o función.

La organización tiene que establecer y aplicar criterios para la evaluación, la selección, el seguimiento del desempeño y la reevaluación de los proveedores externos, basándose en su capacidad para proporcionar procesos o productos y servicios según los requisitos especificados.

La organización tiene que mantener la información documentada pertinente de los resultados de las evaluaciones, el seguimiento del desempeño y la reevaluación de los proyectos externos.

 Recuerde

Es necesario que los productos y servicios que se suministran externamente a los clientes sean conformes a los requisitos establecidos.

Tipo y alcance del control de la provisión externa

Al determinar el tipo y alcance de los controles a realizar en la provisión externa de procesos, productos y servicios, la organización tiene que considerar:

a. El impacto potencial de los procesos, productos y servicios suministrados externamente en la capacidad de la organización para el cumplimiento coherente de los requisitos del cliente y los legales y reglamentarios aplicables.

b. La eficacia percibida de los controles aplicados por el proveedor externo.

La organización tiene que establecer e implementar la verificación u otras actividades que sean necesarias para asegurarse de que los procesos, productos y servicios suministrados externamente no influyen negativamente en la capacidad de la organización para proporcionar productos y servicios de manera coherente a sus clientes.

Los procesos o funciones de la organización que han sido contratados externamente a un proveedor externo están dentro del alcance del sistema de gestión de la calidad de la organización. Por ello, la organización debe considerar los puntos a) y b) anteriores y definir los controles que pretende aplicar al proveedor externo, así como a los elementos de salida del proceso resultantes.

 Nota

A la hora de determinar el tipo de control y el alcance que se lleva a cabo en las provisiones externas de los procesos, es importante considerar el impacto potencial de los procesos, productos y servicios suministrados y la eficacia de los controles llevados a cabo por el proveedor externo.

Información para los proveedores externos

Es necesario que la organización comunique a los proveedores externos los requisitos aplicables para:

a. Los productos y servicios a proporcionar o los procesos a realizar en nombre de la organización.
b. La aprobación o liberación de productos y servicios, métodos, procesos o equipo.
c. La competencia del personal, incluyendo las calificaciones que sean necesarias.
d. Sus interacciones con el sistema de gestión de la calidad de la organización.
e. El control y el seguimiento del desempeño del proveedor externo a aplicar por la organización.
f. Las actividades de verificación que la organización, o su cliente, pretenden realizar en las instalaciones del proveedor externo.

La organización tiene que asegurarse de la adecuación de los requisitos específicos antes de comunicarse con el proveedor externo.

Es imprescindible que la organización verifique la adecuación de los requisitos antes de comunicarlos.

Producción y prestación del servicio

Esta parte de la norma es algo extensa y se divide en varios puntos, los cuales de desarrollan a continuación.

Control de la producción y de la prestación del servicio

La organización tiene que implementar condiciones controladas para la producción y prestación del servicio, incluyendo actividades de entrega y posentrega.

Estas condiciones controladas deben incluir, cuando sea aplicable:

a. Información documentada que defina las características de los productos y servicios.
b. Información documentada que defina las actividades a llevar a cabo y los resultados a alcanzar.
c. Actividades de seguimiento y medición en las etapas que sean apropiadas para verificar que se cumplen los criterios para el control de

los procesos y los elementos de salida de los procesos, así como los criterios de aceptación para los productos y servicios.

d. El uso y el control de la infraestructura adecuada y el ambiente del proceso.

e. La disponibilidad y el uso de los recursos de seguimiento y medición.

f. La competencia y, cuando sea aplicable, la calificación que se requiera del personal.

g. La validación y revalidación periódica de la capacidad para alcanzar los resultados planificados de cualquier proceso de producción y de prestación del servicio donde el elemento de salida resultante no pueda ser verificado por actividades de seguimiento o medición posteriores.

h. La implementación de actividades de liberación, entrega y posteriores a la entrega de los productos y servicios.

 Nota

En este punto se hace referencia a que las organizaciones tienen que desarrollar planes para lograr el control de la producción de sus actividades. Los requisitos específicos que hay que considerar se encuentran reflejados en el texto de la norma.

Identificación y trazabilidad

Cuando sea necesaria, para asegurar la conformidad de los productos y servicios, la organización debe emplear los medios que sean adecuados para identificar los elementos de salida del proceso.

Es necesario que la organización identifique el estado de los elementos de salida del proceso en relación a los requisitos de seguimiento y medición a través de la producción y prestación del servicio.

Cuando la trazabilidad sea un requisito, la organización tiene que efectuar un control sobre la identificación única de los elementos de salida del proceso, y mantener cualquier información documentada que sea necesaria para mantener la trazabilidad.

 Importante

Al igual que en la versión anterior de esta norma, en esta versión se especifica que es imprescindible que las organizaciones tengan la capacidad de lograr la identificación de los elementos de salida. De esta manera tendrán la posibilidad de contrastarlos con los requisitos de seguimiento y medición.

Además, siempre que sea necesario controlar la trazabilidad, la organización tiene que tener la capacidad de identificar cualquier elemento de salida y mantenerlo documentado para lograr la trazabilidad.

Propiedad perteneciente a los clientes o proveedores externos

La organización tiene que cuidar la propiedad perteneciente al cliente o a proveedores externos, mientras esté bajo el control de la organización o esté siendo utilizada por la misma. La organización tiene que identificar, verificar, proteger y salvaguardar la propiedad del cliente o del proveedor externo suministrada para su uso o incorporación dentro de los productos y servicios.

Cuando la propiedad del cliente o del proveedor externo sea usada incorrectamente, se pierda, deteriore o que de algún otro modo se considere inadecuada para su uso, la organización debe informar de ello al cliente o al proveedor externo.

 **Nota**

En este apartado de la norma se establece que la organización tiene la obligación de proteger las propiedades pertenecientes a clientes y proveedores externos cuando esté bajo su custodia. Si en algún momento esta propiedad se usa incorrectamente, se pierde o deteriora hay que informar a los propietarios de lo ocurrido.

Preservación

La organización debe asegurarse de la preservación de los elementos de salida del proceso durante la producción y prestación del servicio, en la medida necesaria para mantener la conformidad con los requisitos.

 **Nota**

En resumen, en este punto se establece que se debe velar por la necesidad de cuidar de los elementos de salida obtenidos durante la producción o prestación del servicio para lograr el cumplimiento de los requisitos.

Actividades posteriores a la entrega

Cuando sea aplicable, la organización tiene que cumplir los requisitos para las actividades posteriores a la entrega asociada con los productos y servicios.

Al determinar el alcance de las actividades posteriores a la entrega requeridas, la organización debe considerar:

a. Los riesgos asociados con los productos y servicios.

b. La naturaleza, el uso y la vida prevista de los productos y servicios.

c. Retroalimentación del cliente.

d. Requisitos legales y reglamentarios.

 Nota

En esta versión de la norma, el cumplimiento de los requisitos no se queda únicamente en el servicio prestado, ya que también se considera el cumplimiento de los requisitos a los que la organización se compromete cuando se ha realizado la entrega del producto o servicio. De esta manera, se ofrecen ciertas garantías que antes no eran exigibles.

Control de los cambios

La organización debe revisar y controlar los cambios no planificados que sean para la producción o la prestación del servicio en la medida de lo necesario para asegurarse de la continua conformidad con los requisitos especificados.

La organización también debe mantener información documentada que describa los resultados de la revisión de los cambios, así como del personal que autoriza el cambio.

Liberación de los productos y servicios

La organización debe implementar las disposiciones planificadas en las etapas adecuadas para comprobar que se cumplen los requisitos de los productos y servicios. Debe mantenerse la conformidad con los criterios de aceptación.

La liberación de los productos y servicios al cliente no debe efectuarse hasta que se hayan completado satisfactoriamente las disposiciones planificadas, a no ser que sea aprobado de otra forma por una autoridad pertinente y, cuando sea aplicable, por el cliente.

La información documentada debe proporcionar trazabilidad al personal que ha autorizado la liberación de los productos y servicios para su entrega al cliente.

La organización es la encargada de llevar a cabo la verificación del cumplimiento de los requisitos en cada una de las etapas del proceso y dejarlo reflejado de manera documentada, para comprobar la conformidad de los criterios de aceptación.

Es imprescindible que para proceder a la liberación de los productos y servicios se den por finalizadas de una manera satisfactoria las acciones planificadas, exceptuando los casos en los que la autoridad competente o el cliente lo permitan.

La información que se documente debe permitir la trazabilidad necesaria para conocer qué personas han autorizado la liberación del producto o servicio al cliente.

Control de los elementos de salida del proceso, los productos y los servicios no conformes

La organización tiene que asegurarse de que los elementos de salida del proceso, los productos y los servicios que no sean conformes con los requisitos se identifiquen y se controlen para prevenir su uso o entrega.

La organización tiene que tomar las acciones correctivas que sean adecuadas y basarse en la naturaleza de esta no conformidad y en su impacto sobre la conformidad de los productos y servicios. Esto también tiene que ser aplicado a los productos y servicios no conformes detectados posteriormente a la entrega de los productos o durante la provisión del servicio.

Cuando sea aplicable, la organización tiene que tratar los elementos de salida del proceso, los productos y los servicios de una o más de las siguientes maneras:

a. Corrección.
b. Separación, contención, devolución o suspensión del aprovisionamiento de los productos y servicios.
c. Informar al cliente.
d. Obtener autorización para:

- Su uso en el estado en el que esté.
- La liberación, continuación o nueva prestación de los productos y servicios.
- Su aceptación bajo concesión.

Cuando los elementos de salida del proceso, los productos y los servicios se corrigen, debe volver a verificarse respecto a la conformidad con los requisitos.

La organización tiene que mantener información documentada de las acciones tomadas sobre los elementos de salida del proceso, los productos y los servicios no conformes, incluyendo cualquier concesión obtenida y la persona o autoridad que ha tomado la decisión en relación con el tratamiento de la no conformidad.

 **Nota**

Este punto de la norma trata sobre la necesidad de controlar todos los elementos de salida que han resultado ser no conformes, para evitar así que puedan llegar a ser entregados.

3.6. Evaluación del desempeño

Desde hace varios años, la evaluación del desempeño ha sido una parte muy importante de la norma **ISO 9001.** Dicha importancia queda reflejada especialmente en esta nueva versión de la norma, ya que, en este caso, existe una cláusula principal dedicada a dicho tema.

Seguimiento, medición, análisis y mejora

Esta cláusula es muy similar a la de la versión 2008. A continuación, se desarrollan todas sus subcláusulas.

Generalidades

La organización debe determinar:

- Lo que es necesario medir y ser objeto de seguimiento.
- Los métodos de seguimiento, medición, análisis y evaluación, según sea aplicable, para garantizar unos resultados válidos.
- El momento en el que se debe realizar el seguimiento y la medición.
- El momento en el que se debe analizar y evaluar los resultados del seguimiento y la medición.

La organización tiene que asegurarse de que las actividades de seguimiento y medición se implementan según los requisitos determinados. También se debe conservar la información documentada como evidencia de los resultados.

La organización debe evaluar el desempeño de la calidad y la eficacia del sistema de gestión de la calidad.

Satisfacción del cliente

La organización debe llevar a cabo un seguimiento de las percepciones del cliente del grado en que se cumplen los requisitos.

La organización también debe obtener información relativa a los puntos de vista y opiniones del cliente sobre la organización y sus productos y servicios.

También deben determinarse los métodos para obtener y emplear dicha información.

Análisis y evaluación

La organización tiene que llevar a cabo un análisis y evaluación de los datos y la información adecuada originados por el seguimiento, la medición y otras fuentes.

Los resultados del análisis y la evaluación deben emplearse para:

- Demostrar la conformidad de los productos y servicios con los requisitos.
- Evaluar y mejorar la satisfacción del cliente.
- Garantizar la conformidad y eficacia del sistema de gestión de calidad.

- Demostrar que lo planificado se ha implementado correctamente.
- Evaluar el desempeño de los procesos.
- Evaluar el desempeño de los proveedores externos.
- Determinar la necesidad de oportunidades de mejora dentro del sistema de gestión de la calidad.

 Nota

Los resultados del análisis y la evaluación también se deben emplear para proporcionar elementos de entrada a la revisión por la dirección.

Auditoría interna

La organización tiene que llevar a cabo auditorías internas a intervalos preestablecidos, para proporcionar información acerca de si el sistema de gestión de calidad:

a. Cumple:

- Los propios requisitos de la organización para su sistema de gestión de la calidad.
- Los requisitos de esta norma ISO 9001:2015.

b. Está implementado y mantenido de manera eficaz.

La organización debe:

a. Llevar a cabo una planificación, establecer, implantar y mantener distintos programas de auditorías que incluyen la frecuencia, la metodología, la responsabilidad, los requisitos y la elaboración de informes, además deben considerar la importancia que tienen todos los procesos que se encuentran involucrados, los cambios que pueden influir en la organización y los resultados obtenidos de las auditorías previas.

b. Respecto a cada auditoría, definir sus criterios y el alcance.

c. Elegir a los auditores y llevar a cabo auditorías para garantizar la objetividad e imparcialidad del proceso de auditoría.

d. Asegurarse de que los resultados de las auditorías son comunicados a la dirección correspondiente.

e. Llevar a cabo las correcciones y las acciones correctivas necesarias sin demora injustificada.

f. Conservar la información documentada como evidencia de la implementación del programa de auditoría y los resultados de auditoría.

Revisión por la dirección

La alta dirección debe revisar el sistema de gestión de la calidad de la organización con una frecuencia previamente establecida, para asegurarse de la continua conveniencia, adecuación y eficacia.

La revisión por la dirección debe planificarse y llevarse a cabo incluyendo consideraciones sobre:

a. El estado de las acciones desde anteriores revisiones por la dirección.

b. Las modificaciones en las cuestiones externas e internas que correspondan al sistema de gestión de calidad, incluyendo su dirección estratégica.

c. La información sobre el desempeño de la calidad, incluidas las tendencias e indicadores relativos a:

▪ No conformidades y acciones correctivas.

▪ Seguimiento y resultado de las mediciones.

▪ Resultados de la auditoría.

▪ Satisfacción del cliente.

▪ Cuestiones relacionadas con los proveedores externos y otras partes interesadas, según correspondan.

▪ Adaptación de los recursos que se requieran para mantener un sistema de gestión de la calidad que sea eficaz.

▪ El desempeño del proceso y la conformidad de los productos y servicios.

d. La eficacia de las acciones tomadas para tratar los riesgos y las oportunidades.

e. Nuevas oportunidades de mejora continua potenciales.

Los elementos de salida de la revisión por la dirección deben incluir las decisiones y acciones relacionadas con:

a. Las oportunidades de mejora continua.

b. Cualquier necesidad de cambio en el sistema de gestión de calidad, incluyendo las necesidades de recursos.

3.7. Mejora

Este requisito de la norma tiene la finalidad de instar a las organizaciones a llevar a cabo una mejora continua en la eficacia de su Sistema de Gestión de la Calidad.

Generalidades

La organización tiene que determinar y elegir las oportunidades de mejora e implementar las acciones requeridas para cumplir los requisitos del cliente y mejorar su satisfacción. Esto debe incluir, cuando sea adecuado:

a. Mejorar los procesos para prevenir disconformidades.

b. Mejorar los productos y servicios para cumplir los requisitos conocidos y previstos.

c. Mejorar los resultados del sistema de gestión de la calidad.

 Nota

La mejora puede verse afectada de las siguientes maneras:

I De manera reactiva (como puede ser una acción correctiva).

Continúa en página siguiente >>

<< Viene de página anterior

I De manera incremental (por ejemplo, mejora continua).
I Mediante un cambio significativo (por ejemplo, avance).
I De manera creativa (por ejemplo, innovación).
I Por reorganización (por ejemplo, transformación).

Esta nueva versión de la norma hace hincapié en la obligación de tomar acciones para la mejora que incluyan la mejora de procesos, productos y servicios. Esto se debe a que, en esta versión, se hace explícito que la intención con la mejora continua no es únicamente la mejora del sistema, sino también la mejora de los resultados cuantificables de la organización.

No conformidad y acción correctiva

Cuando ocurra una no conformidad, incluidas aquellas producidas por quejas, la organización tiene el deber de:

a. Reaccionar ante la no conformidad, y, según sea aplicable:

   I Llevar a cabo acciones para controlarla y corregirla.
   I Afrontar las consecuencias.

b. Considerar la necesidad de llevar a cabo acciones para eliminar las causas que han provocado la no conformidad, con el objetivo de que no vuelva a ocurrir ni suceda en otra parte, mediante:

   I La revisión de la no conformidad.
   I La determinación de las causas de la no conformidad.
   I La determinación de la existencia de no conformidades similares, o que potencialmente podrían suceder.

c. Implementar cualquier reacción que sea necesaria.
d. Revisar la eficacia de las acciones correctivas seleccionadas.
e. Si es necesario, hacer cambios al sistema de gestión de la calidad.

Nota

En determinados casos, puede no ser posible la eliminación de la causa de una no conformidad, por lo que el objetivo de una acción correctiva puede ser la disminución de la posibilidad de que ocurra.

Por otro lado, la organización debe conservar información documentada, como evidencia de:

a. La naturaleza de las no conformidades y cualquier acción posterior tomada.
b. Los resultados de cualquier acción correctiva.

Importante

Las acciones correctivas tienen que ser adecuadas respecto a los efectos de las no conformidades detectadas.

Mejora continua

La organización debe llevar a cabo de manera continua una mejora de la idoneidad, adecuación y eficacia del sistema de gestión de la calidad.

La organización debe considerar los elementos de salida del análisis y la evaluación, así como los de la revisión por la dirección, para así poder confirmar la existencia de áreas de bajo desempeño u oportunidades que deben tratarse como parte de la mejora continua.

Cuando corresponda, la organización debe seleccionar y emplear herramientas y metodologías aplicables para la investigación de las causas del bajo desempeño y para apoyar la mejora continua.

4. Documentación técnica de la calidad

En toda preparación de los sistemas de calidad a implantar en las distintas organizaciones, siempre se produce una cierta incertidumbre respecto a los documentos que deben componerlo.

Los requisitos de la documentación que esta comprende, además del manual de calidad, quedan definidos por los documentos necesitados por la organización para asegurarse de la eficaz planificación, operación y control de sus procesos. Esta información da una idea de que el sistema de calidad debe estar soportado fundamentalmente por una serie de documentos mínimos.

4.1. Informes y partes de control

Los informes y partes de control han de contener la información que se va a explicar a lo largo del presente epígrafe.

Ficha técnica

La ficha técnica contiene todos los datos previos que facilita el fabricante: fabricante, modelo, número de serie, identificación en la instalación, lugar de instalación y el resto de características técnicas propias del elemento en cuestión.

A continuación, se presenta un ejemplo donde se pueden apreciar las características técnicas incluida en una ficha técnica de un módulo fotovoltaico real de treintiseis células policristalinas.

CARACTERÍSTICAS ELÉCTRICAS	
Potencia (W en prueba ± 5 %)	135 W
Número de células en serie	36
Eficiencia del módulo	13,88 %
Corriente punto de máxima potencia (Imp)	7,65 A
Tensión punto de máxima potencia (Vmp)	17,65 V
Corriente en cortocircuito (Isc)	8,23 A
CARACTERÍSTICAS ELÉCTRICAS	
Tensión en circuito abierto (Voc)	21,93 V
PARÁMETROS TÉRMICOS	
Coeficiente de Temperatura de Isc (α)	0,04 %/°C
Coeficiente de Temperatura Voc (β)	-0,32 %/°C
Coeficiente de Temperatura de P (γ)	-0,43 %/°C
CARACTERÍSTICAS FÍSICAS	
Dimensiones (mm) ± 2 mm	1476 x 659 x 35
Peso (aprox.)	11,90 Kg
Área (m^2)	0,97
Tipo de célula	Policristalinas 156 x 156 mm (6 pulgadas)
Células enseriadas	36 (4 x 9)
Cristal delantero	Cristal templado ultra claro de 3,2 mm
Marco	Aleación de aluminio pintado de poliéster
Caja de conexiones	QUAD2 IP54
Cables y conectores	-

Continúa en página siguiente >>

<< Viene de página anterior

RANGO DE FUNCIONAMIENTO	
Temperatura	-40 ºC a + 85 ºC
Máxima tensión del sistema	1.000 V
Carga máxima viento	2.400 Pa (130 km/h)
Carga máxima nieve	5.400 Pa (551 kg/m^2)

Datos de funcionamiento

Se ha de disponer de un formulario para la toma y anotación de los datos de funcionamiento de la instalación. Simplemente se trata de un formulario donde el encargado de mantenimiento ha de ir anotando los valores que vaya midiendo o comprobando durante las tareas de mantenimiento para llevar un control de la instalación y que todo quede reflejado por escrito con claridad.

Gestión del mantenimiento

Los procedimientos que se han de llevar a cabo para la gestión del mantenimiento deben quedar igualmente claros y realizarse correctamente.

Ejemplo:

Empresa Logotipo	Fab. 005 gestión del mantenimiento	Pág 1/3 Edición 07/00
		Revisión:2

1. OBJETIVO

El objetivo del presente procedimiento documentado es el establecimiento de una sistema de mantenimiento preventivo para las instalaciones de la organización.

2. ALCANCE

El alcance de este procedimiento incluye la gestión del mantenimiento de todos los edificios o naves industriales, con instalaciones solares fotovoltaicas.

3. ASIGNACIONES Y RESPONSABILIDADES

El personal de operaciones tiene asignada la labor de vigilancia, inspección y reparaciones, tratamientos y ajustes de las instalaciones a su cargo, así como de notificar al departamento de Mantenimiento aquellas que no tenga medios, preparación o disponibilidad para resolver.

El departamento de mantenimiento es responsable del buen estado del funcionamiento de la totalidad de la instalaciones. En dicho estado se incluye la prevención de riesgos laborales y el respeto hacia las condiciones medioambientales.

4. MANTENIMIENTO PREVENTIVO POR PARTE DEL OPERADOR

El departamento de Mantenimiento preparará una ficha de inspección y cuidado para cada instalación o equipo y, una vez aprobadas por el responsable del departamento de Operaciones, son entregadas a los operadores para su ejecución. En dicha ficha figura una serie de operaciones periódicas tales como: inspección visual de los captadores "diferencias sobre original", inspección visual diferencias entre captadores, inspección visual de los cristales de los captadores "condensaciones y suciedad", etc. Cualquier anomalía observada por el operador en la ejecución de la ficha o durante el funcionamiento normal será comunicada a Mantenimiento mediante una Orden de Mantenimiento, en la que figure: el elemento, su código, anomalía observada, nombre del operador, fecha y hora de la entrega entre otros.

Continúa en página siguiente >>

<< Viene de página anterior

Empresa Logotipo	**Fab. 005 gestión del mantenimiento**	Pág 1/3 Edición 07/00
		Revisión:2

5. MANTENIMIENTO PREVENTIVO POR PARTE DE ESPECIALISTAS

El departamento de Mantenimiento prepara una ficha de revisión a realizar durante periodos de máquina parada. Por ser necesarias medidas, reglajes y desmontaje de algunas piezas, tapa o protección. Las anomalías que no puedan ser reparadas en dicha revisión deberán ser anotadas mediante la correspondiente Orden de Trabajo.

6. MANTENIMIENTO CORRECTIVO

Cuando en el departamento de Mantenimiento se recibe una Orden de Trabajo, se procede a su cumplimentación atendiendo a las siguiente circunstancias: grado de urgencia de la orden, disponibilidad de la instalación afectada, existencia de respuesta, otras órdenes de trabajo pendientes de cumplimentación, etc. Cuando la Orden de Trabajo queda cumplimentada se le envía una copia al operador que la promovió, a fin de que compruebe si la cumplimentación ha sido correcta. En caso de no ser así, se lanza una nueva Orden de Trabajo.

7. CONTROL DE LA CUMPLIMENTACIÓN

Cada quince días el responsable del departamento de Operaciones se reúne con el responsable del departamento de Mantenimiento y ambos comprueban las Ordenes de Trabajo pendientes, tomando las medidas oportunas para su cumplimentación. A efectos informativos, Mantenimiento realiza una estadística de Ordenes de Trabajo, agrupándolas por motivos, por equipos, por plazos, etc. con el fin de identificar problemas cuya resolución pueda favorecer la mejora continua.

8. REGISTROS

El departamento de Mantenimiento conservará el original de todas las Ordenes de Trabajo cumplimentadas, así como las estadísticas de los datos de las actuaciones agrupadas por diversos motivos.

Continúa en página siguiente >>

<< Viene de página anterior

Empresa Logotipo	Fab. 005 gestión del mantenimiento	Pág 1/3 Edición 07/00
		Revisión:2

9. MODELO DE ORDEN DE TRABAJO

Las órdenes de trabajo para Mantenimiento (O.T.) adoptan el siguiente formato:

EMPRESA	ORDEN DE TRABAJO	N.º
Departamento:	Instalación:	
Máquina:		Código:
Motivo de la petición:		
Nombre y firma del peticionario:		Fecha:
		Hora:
Datos de cumplimentación:		
Nombre y firma del especialista:		Fecha:
		Hora:

Responsable de procedimiento (R.P.)   Fecha de vigencia:

Firma:

Informe de operaciones

Todas las operaciones de mantenimiento llevadas a cabo, ya sean de tipo preventivo o correctivo, han de quedar debidamente reflejadas en las correspondientes órdenes de mantenimiento correctivo y preventivo.

ORDEN DE MANTENIMIENTO CORRECTIVO Y PREVENTIVO FMAN-07-002
EDICIÓN: 0

N.º: Fecha de apertura Orden: Fecha de Avería:

MAQUINARÍA / ÚTIL   N.º O. E. O.   PROYECTO AFECTADO N.º   RESPONSABLE MÁQUINA/ ÚTIL

MOTIVO DE LA ACCIÓN DE MANTENIMIENTO:

DESCRIPCIÓN ACCIONES

ACCIÓN A REALIZAR   CAUSA   RESPONSABLE   FECHA INICIO   FECHA FINAL

COSTE MATERIAL   N.º HORAS REPARACIÓN   COSTE HORAS   COSTE TOTAL ACCIÓN

COSTE TOTAL

VºBº JEFE DE ALMACÉN:
FECHA:

FIRMA:

Asimismo, el control de averías y reparaciones también debe quedar especificado por escrito de forma correcta y adecuada para que se pueda llevar un control exhaustivo de la instalación y facilitar el trabajo al resto de operadores de mantenimiento.

MANTENIMIENTO   **CONTROL DE AVERÍAS Y REPARACIONES**   FMAN-07-003

MAQUINARÍA / ÚTIL   CÓDIGO   PROVEEDOR   HOJA N.° / AÑO

N.°	DETECCIÓN		ENTERADO		REPARACIÓN		DESCRIPCIÓN AVERÍA	HORAS TRABAJADAS	COSTE REPARACIÓN
	FECHA	RESPONSABLE	FECHA	RESPONSABLE	FECHA	RESPONSABLE			
1									
2									
3									
4									
5									
6									
7									
8									
9									

5. Manual de mantenimiento

Es necesario que se diseñen programas específicos de mantenimiento de las instalaciones solares fotovoltaicas, como ya se vio en capítulos anteriores.

Estos manuales de mantenimiento deberán contener la programación de las tareas necesarias a realizar al respecto, así como los procedimientos de documentación y archivo de todas las actuaciones preventivas y de reparación que tengan lugar en cada instalación concreta. Los programas de mantenimiento, así como los registros previstos en ellos, permitirán que terceros puedan comprobar que se mantienen las prestaciones previstas en cada instalación.

El diseño de estos programas y sus respectivos procedimientos de compilación y control de la información generada será responsabilidad de las empresas de mantenimiento autorizadas a las que se encomiende el servicio de cada instalación, mediante la suscripción del correspondiente contrato con los titulares y usuarios y de los directores técnicos de mantenimiento, cuando sea preceptivo.

En todos los casos, la responsabilidad de la puesta en práctica de todos los trabajos de mantenimiento especificados reglamentariamente recaerá sobre los titulares y usuarios de las instalaciones.

La falta evidente de referencias escritas sobre planificación del mantenimiento, en general, y de las instalaciones solares fotovoltaicas, en particular, ha propiciado, históricamente, la aplicación de criterios subjetivos y heterodoxos en el establecimiento de planes de mantenimiento preventivo, basados fundamentalmente en la experiencia y en el buen hacer de los mantenedores y en normas de buenas prácticas no escritas, permitiendo un escenario desordenado que se viene prolongando a lo largo de muchos años y que afecta negativamente a los objetivos de eficiencia, disponibilidad y perdurabilidad de las instalaciones.

El **objetivo principal del manual de mantenimiento** (plan de mantenimiento) es aportar las pautas, recomendaciones y referencias que permitan a los técnicos dedicados a la organización, planificación y gestión de mantenimiento aplicar criterios comunes y procedimientos coherentes en la definición y configuración de los manuales de mantenimiento racionales, enfocados con garantías de éxito a la consecución de los fines que la propia definición del mantenimiento establece.

 Recuerde

Las responsabilidades en el mantenimiento de una instalación recaen sobre:

I La empresa de mantenimiento. Su responsabilidad es la de realización del programa de mantenimiento y sus procedimientos.
I El titular o usuario de la instalación. Su responsabilidad es la de la puesta en practica de todos los trabajos de mantenimiento.

La puesta en práctica de cualquier modalidad de mantenimiento se basa en la aplicación sistemática de métodos y procedimientos predefinidos en un manual, por ello, para la definición de un manual de mantenimiento se recomienda seguir también un procedimiento.

 Recuerde

Para realizar un adecuado plan de mantenimiento hay que tener presentes las recomendaciones que hacen los fabricantes en los manuales de uso y mantenimiento que proporcionan y los datos especificados en el proyecto de la instalación.

5.1. Fases para configurar el manual de mantenimiento de una instalación solar fotovoltaica

Para la configuración del manual de mantenimiento específico de una instalación solar fotovoltaica concreta, es preciso no perder de vista los objetivos perseguidos con la aplicación del mantenimiento preventivo y/o correctivo y el contenido documental que debe contener un manual de mantenimiento. Con esta premisa, el procedimiento que se recomienda seguir se basa en el cumplimiento de las siguientes fases, las cuales emanan de la gestión de la calidad:

1. Recopilación de información técnica.
2. Inventario de instalaciones.
3. Cumplimentación de fichas técnicas.
4. Informe previo.
5. Selección de gamas o protocolos.
6. Adaptación de intervenciones y frecuencias.
7. Planteamiento del servicio.
8. Determinación de tiempos de intervención.
9. Organización de los recursos técnicos.
10. Documentación complementaria.
11. Perfeccionamiento de planes y protocolos.

Recopilación de información técnica

El establecimiento de un plan de mantenimiento preventivo específico parte del conocimiento, lo más preciso y exhaustivo posible, de la instalación o instalaciones sobre las que deberá aplicarse. Para conseguir este conocimiento resulta imprescindible entrar en contacto directo con la instalación, efectuando las visitas necesarias, pero también es muy importante tener acceso a la información técnica sobre la instalación en cuestión, es decir, a la documentación del proyecto que le ha dado origen y a la información técnica complementaria sobre el estado real en que la instalación ha quedado construida.

Inventario de instalaciones

Una vez analizada la documentación técnica disponible sobre la instalación o instalaciones para las que se está preparando un plan de mantenimiento, y localizados e identificados físicamente los componentes de cada instalación mediante las visitas necesarias, el paso siguiente será confeccionar el inventario específico de elementos y componentes sujetos a mantenimiento.

Cumplimentación de fichas técnicas

De forma paralela y simultánea a la confección del inventario de instalaciones o inmediatamente a continuación de la terminación del mismo, los técnicos gestores del mantenimiento deberán llevar a cabo la confección y cumplimentación de fichas técnicas específicas de cada elemento y equipo componente de las instalaciones cuyo plan de mantenimiento preventivo se está definiendo.

Para la confección de fichas técnicas podrá utilizarse cualquier tipo de formato o formulario preestablecido, del tipo que se representa en la figura siguiente por ejemplo:

FICHA PARA TOMA DE DATOS Y CARACTERÍSTICAS DE EQUIPOS

Edificio: Dirección: Cod. Edificio:

Equipo: Familia:

Servicio: Ubicación:

Marca: Modelo: Tipo:

Otros datos: Otros datos: Otros datos:

Otros datos: Otros datos: Otros datos:

COMPONENTES SINGULARES DEL EQUIPO

Código	Descripción	Cant.	Uds.	Modelo	Tipo

Notas:

FRECUENCIAS ESPECÍFICAS DE REVISIOES AL EQUIPO

Diario ☐   Semanal ☐   Quincenal ☐   Mensual ☐   Bimestral ☐   Trimestral ☐   Cuatrimestral ☐

Semestral ☐   Anual ☐   Bienal ☐   Trienal ☐   Cuatrienal ☐   Quinquenal ☐   Cada 10 años ☐

ESTADO DEL EQUIPO, SALA DE MÁQUINAS Y ACCESOS

	Bien 6	Aceptable 5	Regular 4	Mal 3	Muy mal 2	Inaceptable 1
Estado del equipo	☐	☐	☐	☐	☐	☐
Mantenibilidad	☐	☐	☐	☐	☐	☐
Accesibilidad	☐	☐	☐	☐	☐	☐
Entorno sala	☐	☐	☐	☐	☐	☐
Elementos auxiliares	☐	☐	☐	☐	☐	☐
Ruidos extraños	☐	☐	☐	☐	☐	☐

Informe previo

El proceso de toma de datos para cumplimentación de fichas técnicas, así como los datos sobre condiciones de funcionamiento recabados en una instalación durante esta fase, permitirá que los técnicos que están elaborando el plan de mantenimiento preventivo obtengan un conocimiento muy específico sobre las condiciones de disponibilidad y sobre el estado de funcionalidad de los diferentes elementos y componentes de cada instalación concreta. Este conocimiento deberá materializarse en un informe, dirigido a la propiedad o a los usuarios del edificio, sobre las condiciones de partida en las que se encuentran las instalaciones antes de la puesta en práctica del servicio de mantenimiento que se está diseñando.

Selección de gamas o protocolos

A partir del conocimiento exhaustivo de las características de los elementos, equipos y componentes de cada instalación concreta, y una vez catalogados por familias o grupos y cumplimentadas sus correspondientes fichas, se podrán establecer las gamas o protocolos de revisiones específicas, de mantenimiento preventivo, que se deberán aplicar inicialmente a cada equipo o conjunto.

Adaptación de intervenciones y frecuencias

Es previsible que, en una instalación real y concreta, no se utilicen algunos de los elementos considerados en los protocolos de este documento, que existan elementos complementarios que no se han recogido en dichas gamas o que la experiencia o las características singulares de la instalación hagan necesario modificar las frecuencias de intervención propuestas, siempre que la modificación no suponga menoscabo de la utilidad del servicio de mantenimiento aplicado para asegurar el funcionamiento correcto de las instalaciones y para garantizar los rendimientos óptimos de los equipos que las componen, dentro de los requisitos establecidos reglamentariamente.

Ejemplo

Cuando una instalación es muy antigua, puede que no cuente con los elementos necesarios para un óptimo funcionamiento, lo cual puede hacer que, en caso de no poderse adaptar a las circunstancias ambientales, deban intervenirse por ejemplo tapando parte de los captadores con lonas, que eviten un sobrecalentamiento del circuito.

Planteamiento del servicio

Una vez definido el programa, conociéndose todos los elementos a mantener y sus características de utilización y funcionamiento, se han seleccionado los protocolos de mantenimiento preventivo a aplicar y se han definido las tareas y sus frecuencias. A este nivel puede iniciarse la puesta en acción del plan, aunque aún no está completo.

Este planteamiento conlleva las circunstancias económicas, y no solo las técnicas.

Determinación de tiempos de intervención

Para completar el plan, los técnicos deberán definir la dedicación de tiempo necesario para cada trabajo, de forma unitaria, así como la categoría del personal de servicio que debe llevarlo a cabo.

Organización de los recursos técnicos

La organización de los recursos técnicos, humanos y materiales que se aplicará a cada servicio deberá quedar reflejada en el plan de mantenimiento, indicando los nombres, niveles profesionales y especialidades de los técnicos que se dedicarán al desarrollo y puesta en práctica del plan, con especial especificación de los responsables directos de la gestión del mismo. También se deberán reseñar los medios materiales que se utilizarán en la prestación del servicio.

Documentación complementaria

Como complemento importante para la completa caracterización del plan de mantenimiento será preciso incluir la documentación e información que se indica esquemáticamente a continuación:

- Periodicidad de informes.
- Partes de trabajo o informes de intervención.
- Definición de medios técnicos y herramientas necesarias.
- Definición de *stock* mínimo de repuestos y materiales consumibles.

Perfeccionamiento de planes y protocolos

Todo plan de mantenimiento y, por tanto, todo manual de mantenimiento en el que se encuentra incluido debe considerarse como un "ente vivo", tanto como las instalaciones para las que se diseña, durante el transcurso de su utilización.

En consecuencia, será responsabilidad de los mantenedores la cumplimentación y actualización de los planes, a partir del registro en el plan de mantenimiento preventivo de todas las actuaciones, tanto preventivas como correctivas, que se vayan efectuando.

6. Resumen

International Standard Organization (ISO) es un organismo que se dedica a publicar normas a escala internacional y que ha venido confeccionando la serie de normas ISO 9000, referidas a los sistemas de la calidad, desde hace varios años.

La calidad se puede definir como el grado en que un conjunto de características inherentes a un producto (bien o servicio), cumple con los requisitos establecidos por el cliente.

El sistema de gestión de calidad debe estar sujeto a mejora continua al objeto de incrementar la eficacia de la organización en la tarea de alcanzar los objetivos que hayan sido señalados.

Hay que destacar la importancia de diseñar programas específicos de mantenimiento de las instalaciones solares fotovoltaicas, que deberán contener la programación de las tareas necesarias, así como los procedimientos de documentación y archivo de todas las actuaciones preventivas y de reparación que tengan lugar en cada instalación concreta.

Ejercicios de repaso y autoevaluación

1. **Indique si las siguientes afirmaciones son verdaderas o falsas.**

   a. La implantación de un sistema de gestión de la calidad influye en la motivación del personal.

   ☐ Verdadero
   ☐ Falso

   b. En 1994, las normas ISO 9001, ISO 9002 e ISO 9003 se unen bajo una única norma ISO 9001.

   ☐ Verdadero
   ☐ Falso

   c. La familia de normas ISO 9000 ha sido elaborada por un equipo de expertos, conocido como Comité Técnico ISO/TC 176.

   ☐ Verdadero
   ☐ Falso

2. **¿Cuáles suelen ser las partes del pliego de prescripciones técnicas de una instalación solar fotovoltaica?**

   _____
   _____
   _____
   _____

3. **¿Qué significado tiene el contexto de la organización, según la ISO 9001:2015?**

   _____
   _____
   _____
   _____

4. Complete las oraciones relacionadas con la ISO 9001:2015.

    a. Es necesario que la organización determine las cuestiones _____
       y _____ que son pertinentes para su propósito y dirección
       estratégica y que influyen en su capacidad para lograr los resultados previs-
       tos de su sistema de _____ de la _____.

    b. Cuando se determine la necesidad de cambios en el sistema de gestión de
       la calidad por parte de la organización, el cambio se efectuará de manera
       y_____.

    c. La organización tiene que implementar condiciones _____
       para la producción y prestación del servicio, incluyendo actividades de
       _____ y _____.

5. Según la ISO 9001:2015, la organización tiene que determinar y elegir las oportuni-dades de mejora e implementar las acciones requeridas para cumplir los requisitos del cliente y mejorar su satisfacción. ¿Qué debe incluir cuando sea adecuado?

_____

_____

_____

_____

6. ¿Qué es una ficha técnica?

_____

_____

_____

_____

7. El informe de operaciones debe contener...

    a. ... únicamente las operaciones realizadas en relación al mantenimiento
       preventivo.

    b. ... únicamente las operaciones realizadas en relación al mantenimiento
       correctivo.

    c. ... todas las operaciones de mantenimiento llevadas a cabo, ya sean de
       tipo preventivo o correctivo.

8. **Relacione cada fase para realizar el manual de mantenimiento de acuerdo con la gestión de la calidad con el concepto más representativo de la misma.**

    a. Recopilación de información técnica.
    b. Cumplimentación de fichas técnicas.
    c. Informe previo.

    __ Conocimiento del estado de funcionalidad de los diferentes elementos y componentes de la instalación.
    __ Registros de datos técnicos de cada componente de la instalación que estará sujeto a mantenimiento.
    __ Conocimiento de la instalación.

Glosario

AENOR
Asociación Española de Normalización y Certificación.

BS
British Standard. Normalización Británica.

CE
Conformidad Europea.

CTE
Código Técnico de la Edificación.

EE.UU.
Estados Unidos.

EN
Norma Europea.

ENAC
Entidad Nacional de Acreditación.

EPI
Equipo de Protección Individual.

GMAO
Gestión de Mantenimiento Asistido por Ordenador.

GS
Geprüfte Sicherheit. Seguridad Probada.

h
Hora.

IDAE
Instituto para la Diversificación y Ahorro de la Energía.

ISO
International Standard Organization. Organización Internacional de Normalización.

ITC-BT
Instrucción Técnica Complementaria-Baja Tensión.

kW
Kilovatio: múltiplo de la unidad derivada para la medida de la potencia eléctrica en el S.I.

kW$_p$
Kilovatio pico: unidad igual a la anterior, pero referida a la potencia pico.

Marca N
Marca de conformidad con Normas.

mm
Milímetro: submúltiplo de la unidad básica de longitud en el S.I.

NBE-CPI
Norma Básica de la Edificación sobre Condiciones de Protección contra Incendios.

OHSAS
Occupational Health and Safety Assessment Series. Series de Evaluación de Salud y Seguridad Laboral.

O.T.
Orden de trabajo.

RBT
Reglamento para Baja Tensión.

RD
Real Decreto.

REBT
Reglamento Electrotécnico de Baja Tensión.

RITE
Reglamento de Instalaciones Térmicas en los Edificios.

SGA
Sistema de Gestión Ambiental.

SGPRL
Sistema de Gestión de Prevención de Riesgos Laborales.

UNE
Una Norma Española.

W
Vatio: unidad derivada de medida de la potencia en el S.I.

Bibliografía

Monografías

❚ DE LAS HERAS León, M. E.: *Montaje eléctrico y electrónico en instalaciones solares fotovoltaicas*. Antequera, Málaga: Innovación y Cualificación, 2011.

❚ DE LAS HERAS León, M. E.: *Conocimientos específicos de instalaciones térmicas en edificios*. Antequera: Innovación y Cualificación, 2010.

❚ DE LAS HERAS León, M. E.: *Instalador de instalaciones térmicas en edificios*. Antequera: Innovación y Cualificación, 2010.

❚ DIAZ Pérez, A.: *Mantenimiento de instalaciones solares térmicas*. Antequera: Innovación y Cualificación, 2011.

❚ Innovación y Cualificación, S. L.: UF0152: *Montaje mecánico en instalaciones solares fotovoltaicas*. Antequera: IC Editorial, 2017.

❚ *Montaje mecánico en instalaciones solares fotovoltaicas*. Antequera: Innovación y Cualificación, 2010.

❚ PÉREZ Bonilla, J.T.: *RBT. Reglamento Electrotécnico para Baja Tensión*. Madrid: Thomson Editores Spain Paraninfo, S. A., 2002.

❚ TOBAJAS, M. C.: *Instalaciones solares fotovoltaicas*. Barcelona: Cano Pina, Ediciones Ceysa, 2012.

Legislación

▌ Ley 7/2022, de 8 de abril, de residuos y suelos contaminados para una economía circular .

▌ Ley 22/2011, de 28 de julio, de residuos y suelos contaminados.

▌ Ley 54/2003, de 12 de diciembre, de reforma del marco normativo de la prevención de riesgos laborales.

▌ Reglamento 2016/425 del Parlamento Europeo y del Consejo, de 9 de marzo de 2016, relativo a los equipos de protección individual.

▌ Real Decreto 39/1997, de 17 de enero, por el que se aprueba el Reglamento de los Servicios de Prevención.

▌ Real Decreto 485/1997, de 14 de abril, sobre disposiciones mínimas en materia de señalización de seguridad y salud en el trabajo.

▌ Real Decreto 486/1997, de 14 de abril, por el que se establecen las disposiciones mínimas de seguridad y salud en los lugares de trabajo.

▌ Real Decreto 487/1997, de 14 de abril, sobre disposiciones mínimas de seguridad y salud relativas a la manipulación manual de cargas que entrañe riesgos, en particular dorsolumbares, para los trabajadores.

▌ Real Decreto 1699/2011, de 18 de noviembre, por el que se regula la conexión a red de instalaciones de producción de energía eléctrica de pequeña potencia.

▌ UNE-EN 50380:2018. Requisitos de marcado y de documentación para los módulos fotovoltaicos.

▌ UNE-EN 50380:2003. Informaciones de las hojas de datos y de las placas de características para los módulos fotovoltaicos.

▌ UNE-EN 60891:2010. Dispositivos fotovoltaicos. Procedimiento de corrección con la temperatura y la irradiancia de la característica I-V de dispositivos fotovoltaicos.

▌UNE-EN 60904-1:2007. Dispositivos fotovoltaicos. Parte 1: Medida de la característica corriente-tensión de dispositivos fotovoltaicos. (IEC 60904-1:2006).

▌UNE-EN 60904-2:2015. Dispositivos fotovoltaicos. Parte 2: Requisitos de dispositivos solares de referencia.

▌UNE-EN 60904-2:2015 Dispositivos fotovoltaicos. Parte 2: Requisitos de dispositivos solares de referencia. (IEC 60904-2:2007).

▌UNE-EN IEC 60904-3:2019. Dispositivos fotovoltaicos. Parte 3: Fundamentos de medida de dispositivos solares fotovoltaicos (FV) de uso terrestre con datos de irradiancia espectral de referencia. (Ratificada por AENOR en noviembre de 2016.)

▌UNE-EN IEC 60904-3:2019 Dispositivos fotovoltaicos. Parte 3: Fundamentos de medida de dispositivos solares fotovoltaicos (FV) de uso terrestre con datos de irradiancia espectral de referencia.

▌UNE-EN IEC 60904-4:2020 Dispositivos fotovoltaicos. Parte 4: Dispositivos solares de referencia. Procedimientos para establecer la trazabilidad de calibración.

▌UNE-EN 60904-5:2012. Dispositivos fotovoltaicos. Parte 5: Determinación de la temperatura equivalente de la célula (TCE) de dispositivos fotovoltaicos (FV) por el método de la tensión de circuito abierto.

▌UNE-EN IEC 60904-7:2020. Dispositivos fotovoltaicos. Parte 7: Cálculo de la corrección por desacoplo espectral para medidas de dispositivos fotovoltaicos.

▌UNE-EN 60904-8:2015. Dispositivos fotovoltaicos. Parte 8: Medida de la respuesta espectral de un dispositivo fotovoltaico (FV).

▌UNE-EN 60904-8:2015. Dispositivos fotovoltaicos. Parte 8: Medida de la respuesta espectral de un dispositivo fotovoltaico (FV).

▌UNE-EN 60904-9:2008. Dispositivos fotovoltaicos. Parte 9: Requisitos de funcionamiento para simuladores solares.

❚ UNE-EN 60904-10:2011. Dispositivos fotovoltaicos. Parte 10: Métodos de medida de la linealidad.

❚ UNE-EN 61194:1997. Parámetros característicos de los sistemas fotovoltaicos (FV) autónomos.

❚ UNE-EN 61215-1-1:2016. Módulos fotovoltaicos (FV) para uso terrestre. Cualificación del diseño y homologación. Parte 1-1: Requisitos especiales de ensayo para los módulos fotovoltaicos (FV) de silicio cristalino.

❚ UNE-EN 61277:2000. Sistemas fotovoltaicos (FV) terrestres generadores de potencia. Generalidades y guía.

❚ UNE-EN 61683:2001. Sistemas fotovoltaicos. Acondicionadores de potencia. Procedimiento para la medida del rendimiento.

❚ UNE-EN 61701:2012 Ensayo de corrosión por niebla salina de módulos fotovoltaicos (FV).

❚ UNE-EN 61702:2000. Evaluación de sistemas de bombeo fotovoltaico (FV) de acoplo directo.

❚ UNE-EN 61725:1998. Expresión analítica para los perfiles solares diarios.

❚ UNE-EN 61829:2016. Generador fotovoltaico (FV). Medida in situ de las características corriente-tensión.

❚ UNE-EN 61215-2:2017. Módulos fotovoltaicos (FV) para uso terrestre. Cualificación del diseño y homologación. Parte 2: Procedimientos de ensayo.

❚ UNE-EN 61215-1-4:2017. Módulos fotovoltaicos (FV) para uso terrestre. Cualificación del diseño y homologación. Parte 1-4: Requisitos especiales de ensayo para módulos fotovoltaicos (FV) de lámina delgada basados en Cu(In,GA)(S,Se)2.

❚ UNE-EN 61215-1-2:2017. Módulos fotovoltaicos (FV) para uso terrestre. Cualificación del diseño y homologación. Parte 1-2: Requisitos especiales de ensayo para los módulos fotovoltaicos (FV) de lámina delgada de telururo de cadmio (CdTe).

UNE-EN 61215-1-3:2017. Módulos fotovoltaicos (FV) para uso terrestre. Cualificación del diseño y homologación. Parte 1-3: Requisitos especiales de ensayo para módulos fotovoltaicos (FV) de lámina delgada basados en silicio amorfo.

Textos electrónicos y documentación web

Cambios en la Norma ISO 9001:2015, de: <www.cavala.es>.

Instituto Tecnológico de la Energía, de: <www.ite.es>.